Zierschildkröten

Andreas S. Hennig

66 Fotos
9 Grafiken
14 Tabellen
1 Verbreitungskarte

Terrarien NTV Bibliothek
Natur und Tier - Verlag

Bildnachweis Umschlag
Titelbild: *Chrysemys picta marginata* Foto: M. Schmidt
Hintergrund: *Chrysemys picta belli* Foto: M. Schmidt

ISBN 3-931587-84-3

An der Kleimannbrücke 39/41
48157 Münster
Geschäftsführung: Matthias Schmidt
Lektorat: Kriton Kunz und Heiko Werning
Layout: Angela Neuhäuser
Druck: Remarks - R, Riga, Lettland

Inhaltsverzeichnis

Danksagung . . . 4

Vorwort . . . 4

Was sind Zierschildkröten? . . . 5

Systematik und Abstammung . . . 5
Fossilfunde . . . 6
Entstehung der Unterarten . . . 7
Beschreibung . . . 10
Größe . . . 11
Bestimmungsschlüssel . . . 12
Geschlechtsmerkmale . . . 14

Lebensraum und Lebensweise . . . 15

Verbreitung . . . 15
Klima . . . 20
Habitate . . . 23
Poulationsgrößen und -strukturen . . . 24
Jahresaktivität . . . 26
Tagesaktivität . . . 29
Ernährung . . . 29
Fortpflanzung . . . 31
Lebensdauer . . . 36
Natürliche Feinde und Parasiten . . . 36
Handel . . . 36
Gefährdung . . . 37
Schutz . . . 38

Haltung und Zucht . . . 39

Haltungsrichtlinien . . . 39
Vergesellschaftung und Aggressionsverhalten . . . 40
Aquaterrarium . . . 41
Bodengrund im Wasserbecken . . . 43
Bepflanzung . . . 43
Sonnenplatz und Landteil . . . 44
Beleuchtung, Wärme, Filterung . . . 46
Freilandunterbringung . . . 48
Fütterung . . . 52
Überwinterung . . . 55
Krankheiten und Verletzungen . . . 58
Paarung und Eiablage . . . 60
Inkubation . . . 63
Schlupf und Aufzucht der Jungtiere . . . 66

Anhang . . . 68

Zierschildkröten im Internet . . . 68
Adressen . . . 69
Literatur . . . 71
Internetquellen . . . 79

Danksagung

Ohne die hilfreiche Unterstützung einiger Personen wäre das Buch nicht in dieser Form zustande gekommen. Wertvolle Informationen, Daten, Erfahrungsberichte, Fotos, die Möglichkeit zum Fotografieren sowie Literaturrecherche und -beschaffung erlaubten die vorliegende Darstellung. Ich bedanke mich bei allen, die direkt und indirekt beim Entstehen des Buches geholfen haben (in alphabetischer Reihenfolge): James S. Andrews (Middlebury, Vermont/USA), Barbara & Paul Bachhausen (Düsseldorf), Alvin R. Breisch (Albany, New York/USA), James R. Buskirk (Oakland, Kalifornien/USA), Greg George (New Jersey/USA), Andreas Glaser (Schwerin), Andreas Gräf (Dietzenbach), James H. Harding (East Lansing, Michigan/USA), Wolfgang Helm (Gera), Sabine Höfler-Thierfeldt (Jülich), Marco Kissling (Münster), Carl Lieb (El Paso, Texas/USA), Oliver Meinhardt (Mannheim), Volker Naths (Fuhlenhagen), Arthur Floyd Scott (Clarksville, Tennessee/USA), Dieter Symanski (Droyßig), Stefan Thierfeldt (Jülich), Gordon R. Ultsch (San Francisco, Kalifornien/USA), Marcel Walz (Wilfingen), Rein Wiarda (Deinum, Niederlande).

Ein herzliches Dankeschön geht an Sigrid und Heinz Haschke (Leipzig) für die Urlaubsbetreuung meiner Tiere und die Erstversorgung von Jungtieren, die in meiner Abwesenheit schlüpften. Mein besonderer Dank gilt Maik Schilde (Leipzig) für die Durchsicht des Manuskriptes und nützliche Hinweise sowie Anregungen dazu.

Widmen möchte ich dieses Buch meinen Schwestern Heike Grüß, Berlin, sowie Heidi Stecker, Leipzig.

Leipzig, im September 2002

Vorwort

Painted Turtles – die „Gemalten Schildkröten". In der Tat handelt es sich um kleine, der Natur entsprungene Kunstwerke, die durch die Wasserbecken zahlreicher Liebhaber schwimmen. Elegante Formen und vor allem die Farbenpracht machen sie zu beliebten Pfleglingen. Je nach Unterart zeigen sie wunderschöne cremefarbene, strahlend gelbe oder feurig rote Streifen auf dunkler, Kontrast bietender Haut. Der grüne oder auch angenehm düster gefärbte Rückenpanzer mit seinen Zeichnungselementen bildet das Pendant zum klassisch einfarbigen oder auch schon übersättigt kolorierten Bauchpanzer. Wunderschöne Augen blitzen vom aquadynamischen Kopf und verleihen der Schildkröte den i-Punkt einer einzigartigen Komposition, wie sie nur die Natur fertig bringen kann…

Im selben Maße, wie Zierschildkröten bei vielen Anfängern in der Schildkrötenhaltung zu den Favoriten zählen, mangelt es häufig am notwendigen Wissen, die attraktiven Pfleglinge richtig zu halten. Auf der anderen Seite gibt es nicht sehr viele erfahrene und langjährige Wasserschildkrötenhalter, die sich der Gattung *Chrysemys* widmeten. Den Schildkröten haftet der Status als „Anfängertieren" an, weil sie als Standardangebot, rekrutiert aus amerikanischen Schildkrötenfarmen, regelmäßig im Zoohandel auftauchen. Doch gibt es mittlerweile immer mehr Liebhaber, die sich erfolgreich und gezielt mit diesen interessanten Vertretern der nordamerikanischen Schildkrötenfauna beschäftigen, zumal nicht absehbar ist, wie lange die Importe noch anhalten. Berücksichtigt man die Lebensansprüche der Zierschildkröten, erhält man dankbare Reptilien, in denen sich die schon erwähnte Attraktivität und eine für terraristische Verhältnisse angemessene Größe vereinen. Und vielleicht haben auch Sie eines Tages eine eigene, sich vervielfältigende kleine Kunstgalerie mit bestechenden Gemälden und bezaubernden Aquarellen: Die Painted Turtles!

Was sind Zierschildkröten?

Systematik und Abstammung

Die ursprüngliche Familie Emydidae umfasste die beiden Unterfamilien Emydinae (Neuweltliche Sumpfschildkröten, einschl. *Chrysemys picta*) und Batagurinae (Altweltliche Sumpfschildkröten) (McDowell 1964; Iverson 1992), bis diese in den Rang von eigenen Familien erhoben wurden (u. a. David 1994): Bataguridae und Emydidae. Innerhalb der Familie Emydidae forderten Gaffney & Meylan (1988) sowie Seidel & Adkins (1989) die Aufspaltung in zwei Unterfamilien. Zum einen existiert nun die der Emydinae, aber nur mit den Gattungen *Terrapene*, *Clemmys* und *Emys* (*Emydoidea* mit *E. blandingii* gehörte als vierte Gattung dazu, zählt jedoch nunmehr zur holarktischen Gattung *Emys* [Feldman & Parham 2002; Buskirk 2002]). Die zweite Unterfamilie, Deirochelyinae, fasst die Gattungen *Trachemys*, *Pseudemys*, *Deirochelys*, *Graptemys*, *Malaclemys* und eben *Chrysemys* zusammen. Über den Gattungsstatus regte sich schon früh die Diskussion: McDowell (1964) fasste die beiden bis zum Zeitpunkt seiner Arbeit getrennten Gattungen *Chrysemys* Gray, 1844 (monotypisch mit *C. picta*) und *Pseudemys* Gray, 1844 (vgl. Wermuth & Mertens 1961) zu einer Gattung, *Chrysemys*, zusammen. Grundlage waren seine Untersuchungen der Schädel- und Fußmorphologie dieser Gruppen. Er unterteilte *Chrysemys* in die Untergattungen *Chrysemys*, *Pseudemys* und *Trachemys*. Neben Fritz & Bienert (1981) bzw. Fritz (1981) schlossen sich dieser Auffassung mehrere amerikanische Autoren nach eigenen anatomischen Untersuchungen an (beispielsweise Zug 1966; Parsons 1968), wobei Weaver & Rose (1967) jedoch wieder auf das Einrichten von Untergattungen verzichteten. Dennoch war diese Einteilung bei anderen Experten umstritten, und nicht wenige blieben bei der Auffassung von zwei eigenständigen Gattungen *Pseudemys* (einschl. der heutigen *Trachemys*) und *Chrysemys*. So führte Holman (1977) an, dass in den südöstlichen USA mehrere Arten aus ein- und derselben Gattung in einem Gewässer leben, ohne dass es zu Bastardisierungen zwischen *Chrysemys picta* und anderen *Chrysemys*-Arten kommt, obgleich sie ähnliche Verhaltensmuster aufweisen. Weitere Darlegungen sowie Untersuchungen zu Körperbau, Zellbau und biochemische bzw. parasitologische Ergebnisse folgten (Ernst & Ernst 1980; Vogt & McCoy 1980; Ward 1984; Seidel & Smith 1986; Ernst 1990; Legler 1990; McCoy & Jacobs 1991; Iverson 1992). Diese sorgten dafür, die eigenständigen Gattungen *Chrysemys*, *Pseudemys* und *Trachemys* zu führen. *Trachemys* (Buchstaben-Schmuckschildkröten) schließt *Trachemys scripta* (*T. s. scripta*, *T. s. elegans*, *T. s. troostii*), *T. nebulosa* (*T. n. nebulosa*, *T. n. hiltoni*), *T. gaigeae* (*T. g. gaigeae*, *T. g. hartwegi*), *T. yaquia*, *T. ornata*, *T. taylori*, *T. venusta* (*T. v. venusta*,

Nahe verwandt ist *Chrysemys picta* mit den Schmuckschildkrötengattungen *Pseudemys* (links, *P. peninsularis*) und *Trachemys* (*T. scripta elegans*, rechts). Fotos: A.S. Hennig

T. v. cataspila, T. v. grayi), *T. emolli, T. callirostris* (*T. c. callirostris, T. c. chichiriviche*), *T. adiutrix, T. dorbigni* (*T. d. dorbigni, T. d. brasiliensis*), *T. decussata* (*T. d. decussata, T. d. angusta*), *T. terrapen, T. stejnegeri* (*T. s. stejnegeri, T. s. vicina, T. s. malonei*) sowie *T. decorata* ein (SEIDEL 2002).

Die nur in Nordamerika vorkommende Gattung *Pseudemys* (Schmuckschildkröten) schließt *P. alabamensis, P. gorzugi, P. nelsoni, P. peninsularis, P. rubriventris, P. suwanniensis, P. texana* sowie *P. concinna* mit der Nominatform *P. c. concinna* und *P. c. floridana* ein (SEIDEL 1994). *Chrysemys* wird als monotypisch, also nur eine Art (*Chrysemys picta*) umfassend, betrachtet. FRITZ (1991) geht auf die mögliche Unterscheidung von nahe miteinander verwandten, morphologisch ähnlichen Arten mittels spezifischer Verhaltensmerkmale ein. Dabei beschreibt er die Mannigfaltigkeit der Balzverhaltensweisen von *Chrysemys, Pseudemys, Trachemys* sowie *Deirochelys* (Langhals-Schmuckschildkröten), *Malaclemys* (Diamantschildkröten) und *Graptemys* (Höckerschildkröten) im artenreichen Südosten der USA. Hier entstanden verschiedene Varianten ein- und desselben Grundtyps des Balzverhaltens. Bei dieser Vielfalt nahe verwandter Arten (ca. 20) sind effektive Isolationsmechanismen notwendig. Den Balzbewegungen räumt FRITZ dabei eine entscheidende Bedeutung ein.

Zur Zierschildkröte (*Chrysemys picta*) (SCHNEIDER, 1783) gehören die folgenden Unterarten:

Chrysemys picta picta (SCHNEIDER, 1783);
Östliche Zierschildkröte

Chrysemys picta bellii (GRAY, 1831);
Westliche Zierschildkröte, Indianer-Zierschildkröte

Chrysemys picta dorsalis AGASSIZ, 1857;
Südliche Zierschildkröte, Rückenstreifen-Zierschildkröte

Chrysemys picta marginata AGASSIZ, 1857;
Mittelländische Zierschildkröte

Tab. 1: *Chrysemys picta* in der Systematik der Schildkröten

Unterklasse:	Anapsida
Ordnung:	Testudines
Unterordnung:	Cryptodira (Halsberger)
Familie:	Emydidae (Neuweltliche Sumpfschildkröten)
Unterfamilie:	Deirochelyinae
Gattung:	*Chrysemys* (Zierschildkröten)
Art:	*Chrysemys picta* (Zierschildkröte)
Unterarten:	*Chrysemys picta picta* (Östliche Zierschildkröte)
	Chrysemys picta dorsalis (Südliche Zierschildkröte)
	Chrysemys picta marginata (Mittelländische Zierschildkröte)
	Chrysemys picta bellii (Westliche Zierschildkröte)

Die Gattung *Chrysemys* umfasst nur eine Art, *C. picta*, mit vier Unterarten; abgebildet ist ein Exemplar der Nominatform im Kejimkujik National Park in Nova Scotia, Kanada. Foto: A. Gräf

Fossilfunde

Fossile, mit der heutigen *Chrysemys picta* verwandte Schildkröten Amerikas gehen bis auf das späte Miozän und Pliozän zurück (ERNST et al. 1994; OBST 1995; ANTENBRINK-VETTER & VETTER 1997). 1908 beschrieb HAY (zit. in OBST 1995) eine mit *Chrysemys picta* verwandte *Chrysemys timida* aus dem Pliozän Nebraskas. Pleistozäne Ablagerungen enthielten bereits typische *Chrysemys picta*; bekannt sind Funde aus dem Pleistozän von den US-Bundesstaaten Alabama, Indiana, Kansas, Maryland und Virginia (TELLER & BARDAK 1975; ROGERS 1982; GRAHAM et al. 1983; HOLMAN 1986a, 1986b, 1987; HOLMAN & MCDONALD 1986; HOLMAN & GRADY 1989; HOLMAN et al. 1990). Holozäne Fossile wurden in Michigan entdeckt (HOLMAN 1990), weitere in Illinois, Ohio, Wisconsin und Ost-Kanada (BLEAKNEY 1958a; ADLER 1968).

Entstehung der Unterarten

Zur Entstehung der vier Unterarten hält sich seit langer Zeit die Theorie von BLEAKNEY (1958b): Er geht von ursprünglich zwei *Chrysemys*-Formen aus – einer Atlantikküsten-Form mit in einer Linie angeordneten Dorsalschilden (wie die heute existierende *Chrysemys picta picta*) sowie einer weiteren Form westlich des Appalachen-Gebirges mit gegeneinander versetzten Rückenschilden. Vor über 20.000 Jahren, während der letzten größeren Eiszeit (Wisconsin-Eiszeit), wichen die Zierschildkröten nach Süden aus, und es bildeten sich drei geographisch separierte Gruppen – eine östliche Form (vermutlich *picta*) in der südlichen Atlantikküsten-Ebene, eine westliche Form (vermutlich *bellii*) im Gebiet von New Mexico, und eine offenbar zu diesem Zeitpunkt neu entstandene Gruppe, vermutlich *dorsalis*, im unteren Einzugsgebiet des Mississippi. Als die mächtigen Gletscher verschwanden, breiteten sich die drei Populationen nach Norden aus. So wanderte *picta* entlang der Ostküste, überquerte dabei aber nicht die Appalachen, die durch eine üppige Plastronzeichnung (Plastron = Bauchpanzer) gekennzeichnete *bellii*-Form vergrößerte das Verbreitungsgebiet nach Norden, aber auch nach Westen und Osten, und die auf dem Bauchpanzer zeichnungslose *dorsalis* wanderte im Bereich des Mississippi flussaufwärts. Die beiden Letztgenannten trafen im Gebiet des Zusammenflusses von Missouri, Ohio und Mississippi aufeinander, hybridisierten, und so entstand die Form *marginata*. Dies könnte erklären, wie deren im Vergleich zu *bellii* reduzierte Plastronzeichnung entstand, bei gleichzeitigem Erhalt der von den beiden „Eltern-Gruppen" mitgegebenen versetzten Dorsalschilde. Die

Hat sich *Chrysemys picta marginata* ursprünglich aus Hybriden entwickelt? Foto: J.H. Harding

Die Südliche Zierschildkröte verblieb nach der Wisconsin-Eiszeit im Süden des heutigen Verbreitungsgebietes. Foto: A.S. Hennig

„Hybrid-Form" *marginata* breitete sich im noch nicht von Zierschildkröten besetzten Gebiet zwischen dem Mississippi und den Appalachen aus und traf ostwärts wandernd auf die sich nach Norden bewegende *picta*. Das Gebiet von New England erreichten beide ungefähr zur selben Zeit. Unklar ist, ob *marginata* etwas eher eintraf, oder ob sie mit *picta* das Gebiet wirklich gleichzeitig eroberte. BLEAKNEY geht aber in jedem Fall davon aus, dass *marginata* von *picta* verdrängt wurde und wird, zumindest im östlichen New England.

ULTSCH et al. (2001) erwähnen, dass es mindestens drei Möglichkeiten gibt, wie sich die Situation in New England nach der Wisconsin-Eiszeit tatsächlich abgespielt haben könnte. Variante 1 wäre, dass *picta* doch eher als *marginata* eintraf, und die Tiere, die wir heute dort sehen, den zunehmenden Einfluss von *marginata* auf eine ehemals reine *picta*-Population widerspiegelt. Die zwei_te Möglichkeit ist, dass die wahrscheinlich Kälte gegenüber tolerantere *marginata* zuerst New England besetzte; *picta* kam später und wanderte weiter nach Osten, *marginata* dabei nach Westen verdrängend. Die dritte Hypothese geht schlicht von einem gleichzeitigen Erreichen des Gebietes aus; beide Unterarten würden sich demnach seither vermischen. Während sich BLEAKNEY nicht recht zwischen den Varianten 2 und 3 entscheiden konnte, favorisierten WATERS (1964), POUGH & POUGH (1968) sowie RHODIN & BUTLER (1997) Möglichkeit Nummer 2. ULTSCH et al. verglichen die Hypothesen 2 und 3 mit ihren eigenen umfangreichen Untersuchungen zur Verbreitung und Intergradation (Vermischung, Hybridisierung), erhalten jedoch keine eindeutigen Hinweise auf einen sich abschwächenden *marginata*-Einfluss (2) oder einen möglichen *marginata/picta*-Hybriden, der durch die nordwärts wandernde *picta* verdrängt wird (3).

Betrachte ich die vorliegenden Angaben zu *picta* und *marginata*, würde ich durchaus von einem ungefähr gleichzeitigen Eintreffen der beiden Unterarten ausgehen. Die Kälte besser tolerierende *marginata* hatte die Möglichkeit, noch weiter nach Norden zu wandern, und verdrängte daher nicht *picta* im Osten. Mit dieser bildete sie jedoch an der gemeinsamen Verbreitungsgrenze in den New-England-Staaten Mischpopulationen, von denen Intergrades zwischen beiden Unterarten gemeinsam mit *picta* weiter entlang der Ostküste bis nach Nova Scotia gewandert sein könnten. Bei den Tieren in Nova Scotia handelt es sich heute um *picta*, aber eben mit *marginata*-Einfluss bzw. Teilen der Merkmale dieser Form (GILHEN 1984, ULTSCH et al. 2001).

Aber um noch einmal auf die Entstehung an sich

***Chrysemys picta picta* markiert die östliche Verbreitungsgrenze der Zierschildkröten und besiedelt auch den äußersten Südosten Kanadas in Nova Scotia, wo diese Aufnahme eines semiadulten Weibchens entstand.** Foto: A. Gräf

einzugehen: Ultsch et al. erwähnen, dass Bleakney leider nicht näher das Entstehen von *dorsalis* nach der Eiszeit erläutert. Es gab zwischen den sich ähnelnden *picta* und *dorsalis* (keine Plastronzeichnung, helle Schildnähte) zum damaligen Zeitpunkt offensichtlich keine physischen Grenzen, die sie separierten. Vielmehr werfen die Autoren sogar die Frage auf, warum es nicht sogar vier Ursprungs-Populationen nach der Eiszeit gegeben haben könnte. Jene von *marginata* – die nach Bleakney später durch Hybridisierung zwischen *dorsalis* und *bellii* entstand – könnte im Gebiet des heutigen Kentucky/Tennessee gelebt haben. Ein *marginata*-Vorkommen zum damaligen Zeitpunkt würde meiner Meinung nach auch erklären, warum *dorsalis* nach dem Schmelzen der Gletscher nicht auch den Weg nach Norden antrat – die dortigen Lebensräume wären dann nämlich bereits von der sich stark ausbreitenden *marginata* besetzt gewesen. Das würde auch die These von Ultsch et al. unterstützen: Ist *marginata* tatsächlich durch Hybridisierung entstanden, dann wahrscheinlich zwischen *picta* und *bellii*.

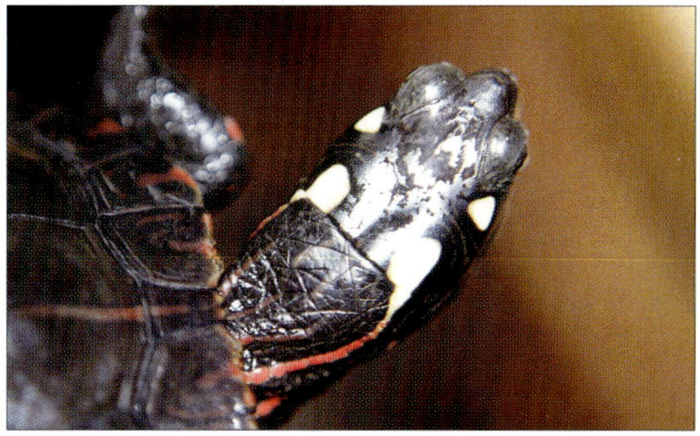

Ein gutes Erkennungsmerkmal der Nominatform sind die vier gelblichen Flecken hinter den Augen bzw. auf dem Hinterkopf. Foto: A.S. Hennig

In mehreren Studien zur simulierten Überwinterung in sauerstoffarmem bzw. -reichem Wasser wurden vor dem Hintergrund der Unterartenentstehung und deren Ausbreitung physiologische Eigenschaften der vier Unterarten ausgewertet (Ultsch 1989; Ultsch & Jackson 1995; Ultsch et al. 1999; Reese et al. 2000). Während *bellii* (aus Wisconsin) im Labor 3 °C kaltes, sowohl sauerstofffreies (über 160 Tage) als auch sauerstoffreiches Wasser tolerierte, überlebten *dorsalis*-Exemplare (aus Alabama und Tennessee) die Prozedur in ebenso temperiertem und sauerstofffreiem Wasser nicht einmal halb so lang. Die für den Versuch in Connecticut gesammelten *picta* überlebten in 3 °C kaltem sauerstoffreichen Wasser etwa 150, in solchem ohne Sauerstoff maximal 125 Tage. Mit diesen physiologischen Reaktionen stellt *picta* eine Zwischenform zwischen *bellii* und *dorsalis* dar; und dies korreliert mit der Intensität der Winter, die in den jeweiligen Verbreitungsgebieten zu erwarten sind. Aus Michigan stammende *marginata* überdauerten in 3 °C kaltem Wasser ohne Sauerstoff über 150 Tage. Legt man diese Daten zugrunde, so entfernt man sich von Bleakneys Theorie, dass *marginata* aus einer Hybridisierung zwischen *bellii* und der südlichen *dorsalis* entstanden ist. Vielmehr entspricht die Reaktion der untersuchten *marginata*-Exemplare derjenigen der beiden anderen nördlichen Formen. Insgesamt betrachtet ist also auf dem heutigen Wissensstand die Wahrscheinlichkeit größer, dass *marginata* aus einer Hybridisierung zwischen *bellii* und *picta* hervorgegangen ist.

„Innenansicht" einer weiblichen *Chrysemys picta dorsalis*; gut sichtbar sind die mit dem Carapax (links) verbundenen Rückenwirbel. Foto: A.S. Hennig

Markant sind für *Chrysemys picta picta* (im Bild ein adultes Weibchen) auch die breiten und hell abgesetzten, fast wie in einer Linie verlaufenden Schildnähte. Foto: A.S. Hennig

Beschreibung

Zierschildkröten variieren in ihrer Färbung und den Zeichnungsmerkmalen stark und lassen sich bis auf wenige unterartspezifische Eckpfeiler nicht auf ein grundsätzlich unveränderbares, stets übereinstimmendes Muster festlegen. Vielmehr zeigen sie innerhalb eines flexiblen Rahmens variantenreiche Elemente, was Farben und Musterung betrifft. Die Tiere besitzen einen glatten, flachen, hinten nicht gesägten Rückenpanzer, der von oben betrachtet oval ist. Die Färbung reicht von Grün über Oliv-/Schmutziggrün bis Schwarz. Alte Weibchen können einen etwas aufgewölbteren Carapax (Rückenpanzer) aufweisen; dadurch wirken die betroffenen Exemplare voluminöser. Die Nähte der einzelnen Rückenschilde sind besonders deutlich bei der Nominatform hell abgesetzt, bei *dorsalis* ist eine solch kräftige Markierung jedoch auch sehr häufig. Kennzeichnend für *picta* sind die wie in einer Linie geführten hellen, breiten Quernähte zwischen den 2. und 3. Rippenschilden – sie laufen fast gerade in die Quernaht zwischen 2. und 3. Wirbelschild über. So wirken auch die nebeneinander angeordneten Schilde wie in einer fast geradlinigen Reihe. *Chrysemys picta bellii* zeigt oft ein helles, unregelmäßiges Netzmuster auf dem Carapax. *Chrysemys picta dorsalis* weist eine markante orange bis rote Dorsallinie auf; bei den anderen drei Unterarten kann ein lediglich sehr dünner, farbenschwacher Streifen vorhanden sein, der vom vorderen zum hinteren Panzerrand führt. Auf den Randschilden finden sich häufig auf der Oberseite rote bis gelbliche Markierungen. Mit Ausnahme des rötlichen bis kräftig roten Bauchpanzers bei *bellii* besitzt das Plastron eine blassgelbe Grundfärbung; *marginata* zeigt Variationen von Rot bis Gelb. Bei *picta* und *dorsalis* ist das Plastron normalerweise zeichnungslos, kann aber je nach Herkunftsgebiet kleinere (Rest-) Flecken an der Mittelnaht aufweisen. Für *marginata* kennzeichnend ist eine zentrale, die Mittelnaht begleitende schwarze Figur. Diese verblasst im Alter und löst sich gelegentlich in eine Art Rillenzeichnung auf, d. h. die ehemals flächige dunkle Färbung wird dann nur noch durch mehrere wellige Parallellinien angedeutet. Einzig *bellii* hat eine ausgeprägte, üppige Plastronzeichnung, die nicht nur an der Mittelnaht entlangfließt, sondern auch deutliche Ausläufer an allen Quernähten aufweist. Die Brücke und die Unterseiten der Randschilde sind rot und grauschwarz gemustert, die Zeichnungselemente tendieren zu gelben Linien mit rotem Zentrum. Die Hautfärbung variiert von Grün über Grau bis Schwarz. Darin ein-

Tab. 2: Erläuterung der wissenschaftlichen Namensbezeichnungen (nach Ernst et al. 1994)

Name	Bedeutung
Chrysemys	vom griechischen chrysos, Gold, bezogen auf den gelben Kopf und die Panzerzeichnungen, sowie vom griechischen emys = Schildkröte
picta	aus dem Lateinischen, gemalt, bezogen auf die Carapaxzeichnung
marginata	vom lateinischen marge, marginis, Saum, Einfassung, wahrscheinlich in Anlehnung an die Färbung auf den Marginalschilden
bellii	benannt nach Thomas Bell
dorsalis	vom lateinischen dorsum, bezogen auf den deutlichen Rückenpanzer-Streifen

gebettet ist eine unterarttypisch gelbe und rote Streifenzeichnung. Insbesondere bei *picta* sowie *marginata* lösen sich die Streifen an den Extremitäten zu kleinen roten Flecken und Punktreihen auf. Überhaupt neigen diese beiden Unterarten mehr zur Rotfärbung als die überwiegend leuchtend gelb gezeichnete *bellii* (Streifen dunkel eingefasst) und die zum Orange tendierende *dorsalis*.

Differenzierungsmerkmale sind bei *marginata* die am Hals befindlichen roten Streifen sowie bei der Nominatform die jeweils hinter den Augen und paarig auf dem Hinterkopf sitzenden gelben Tupfen (im Alter z. T. etwas gestreckt wirkend). Schlüpflinge erscheinen von oben betrachtet rund und besitzen einen gekielten Carapax. Kopf, Augen und Schwanz sind proportional größer als bei adulten Zierschildkröten (ERNST et al. 1994). Zu berücksichtigen ist, dass Intergrades, also Mischlinge natürlichen Ursprungs zwischen den Unterarten, Merkmale von beiden Elterntieren zeigen können. Es dominieren Kennzeichen eines Elternteils, ergänzt um weitere (veränderte) Merkmale des anderen.

Auch Melanismus, also Schwarzfärbung durch verstärkte Einlagerung von Melanin, kann auftreten. Konkret beschrieben wurde für adulte Zierschildkröten keine geschlossene, flächige Schwarzfärbung, sondern der „Reticulate Melanism (RM)" – eine netzartige Form. Betroffen sind überwiegend, aber nicht ausschließlich Männchen. Carapax und Kopf besitzen in solchen Fällen zusätzlich zur herkömmlichen Zeichnung eine netz- oder auch würmchenartige Musterung. Nachgewiesen wurde RM bei *bellii* in Minnesota, New Mexico, North Dakota und in S-Kanada (SMITH et al. 1969; ERNST & ERNST 1973; MAC CULLOCH 1981; SCHUELER 1983; STUART 1998). ULTSCH (1999) beschreibt ein adultes *marginata*-Weibchen aus Michigan mit einer RM-Würmchenzeichnung auf dem Rückenpanzer.

Im Gegensatz zu *Chrysemys picta picta* sind die Schildnähte der anderen Unterarten, hier eine männliche *C. p. marginata*, versetzt zueinander; die Quernähte von Wirbel- und Rippenschilden bilden keine durchgehende Linie.
Foto: A.S. Hennig

Größe

Adulte Zierschildkröten erreichen Carapaxlängen, die sie für die Haltung im Aquaterrarium sehr geeignet erscheinen lassen. Die nachfolgend genannten Angaben sind Maximalwerte, die nicht regelmäßig auftreten. Die größte Unterart ist *bellii*, das Rekordmaß eines Weibchen betrug 25,1 cm (CONANT & COLLINS 1998). In der Regel bleiben die Tiere jedoch weit unter diesem Wert (lt. vorgenannter Autoren bis 18 cm). Maximal können männliche *bellii* bis zu 23,5 cm (ANTENBRINK-VETTER & VETTER 1997) erreichen, mein bisher größtes geschlechtsreifes Tier maß lediglich 14,4 cm. Als Maximalwert für *picta* (auch hier bleiben die Männchen kleiner) geben RHODIN & MITTELHAUSER (1994) ein 18,7 cm großes Weibchen an, das sie in Maine fingen; ULTSCH et al. (2000) berichten von drei Weibchen aus dem New Brunswick Museum, Kanada, deren größtes Exemplar 18,98 cm Carapaxlänge aufwies. Das größte von mir gepflegte Weibchen maß 15,6 cm. *Chrysemys picta dorsalis* erreichte als Rekordmaß im weiblichen Geschlecht in mindestens zwei Fällen 15,6 cm (CONANT & COLLINS 1998; WALZ 1998), Männchen kamen auf 11,2 cm (HENNIG 2002a). Meine eigenen weiblichen *dorsalis* maßen im hohen Alter höchstens 12,7 cm, lediglich ein einziges

Tab. 3: Variabilität morphologischer Merkmale bei *Chrysemys picta* nach ULTSCH et al. (2001)

	picta	*marginata*	*dorsalis*	*bellii*
Größe der Plastronzeichnung (%-Anteil der gesamten Plastronfläche),	≤ 9%	17-28%	≤ 0,5% (fast immer Null)	≤ 60%
Ausrichtung der 2. Rippenschilde zum 2. Wirbelschild (versetzte/in einer Linie verlaufende Schildnähte)	≤ 43%	85-93%	32-68%	94-98%
Breite der hell markierten Ränder der zweiten Lateralschilde (%-Anteil an der Carapaxlänge)	1,9-2,9%	1,1-1,7%	2,1-3,9%	0,9-1,7%

Tier zeigte 14 cm Panzerlänge. CONANT & COLLINS (1998) geben für *marginata* als Höchstmaß 19,5 cm für Weibchen, für Männchen 17,8 cm an; auch hier dürfte der Durchschnitt jeweils 2–5 cm darunter liegen. Das größte Weibchen meines Bestandes maß 15,5 cm, ein sehr altes Männchen 13,5 cm.

Eine markante, üppige Plastronzeichnung zeigt die Westliche Zierschildkröte, *Chrysemys picta bellii*. Foto: A.S. Hennig

Cremegelb und zeichnungslos präsentiert sich die Unterseite bei *Chrysemys picta dorsalis*. Foto: A.S. Hennig

Bestimmungsschlüssel

Nachfolgend ein Bestimmungsschlüssel für die vier Unterarten nach HENNIG (2002b):

1 a) Bauchpanzer einfarbig gelblich ohne Zeichnung 2
b) Bauchpanzer mit Zeichnung .3
2 a) helle, breite Quernähte zwischen 2. und 3. Rippenschilden laufen fast gerade in die Quernaht zwischen 2. und 3. Wirbelschild über . . . .*picta*
b) Quernaht zwischen 2. und 3. Wirbelschild gegenüber den 2. und 3. Rippenschilden versetzt; deutlicher oranger bis roter Dorsalstreifen . . . .*dorsalis*
3 a) Plastronzeichnung ausschließlich entlang der Mittelnaht/Symmetrieachse . . . .*marginata*
b) Ausgeprägte Plastronzeichnung an der Mittelnaht mit Ausläufern entlang der Quernähte . . . . .*bellii*

Nun berücksichtigt dieser Bestimmungsschlüssel nicht unbedingt die hohe Variabilität, die den Zierschildkröten mit ihrem großen Verbreitungsgebiet und den großflächigen Mischpopulationen in aneinander grenzenden Verbreitungsgebieten gegeben ist. Je nach

Kennzeichnend für die Nominatform ist der zeichnungslose Bauchpanzer. Foto: A.S. Hennig

Nicht nur im direkten Vergleich sind die unterschiedlichen Bauchpanzerzeichnungen von *Chrysemys picta marginata* (links) und *C. p. bellii* sehr gut zu erkennen; die Abbildung zeigt zwei Jungtiere. Foto: A.S. Hennig

Fundort zeigen die Tiere verschiedenste, das richtige Ansprechen durchaus erschwerende Merkmale. Umso komplizierter, wenn es sich um Exemplare aus einer Mischpopulation handelt – hier können sowohl Exemplare reiner Unterarten als auch Unterarten-Mischlinge, die Intergrades, leben. Ultsch et al. (2001) werteten umfangreiche Angaben zu Populationen von *Chrysemys picta* in 20 Bundesstaaten (USA) respektive Provinzen (Kanada) aus. Zur Bestimmung von Unterarten und Intergrades schlüsselten sie die gewonnenen Messdaten morphologischer Merkmale auf: A: Größe der Plastronzeichnung (prozentual zur gesamten Plastronfläche); B: die in einer Linie oder versetzt laufenden Quernähte zwischen 2. und 3. Rippenschilden zu 2. und 3. Wirbelschild (prozentuale Verschiebung; bei *picta* laufen diese Nähte fast gerade

Bei *Chrysemys picta marginata* ist die Bauchpanzerzeichnung nicht so großzügig, sondern konzentriert sich entlang der Mittelnaht. Foto: A.S. Hennig

***Chrysemys picta bellii*, Männchen.** Foto: A.S. Hennig

Adulte Männchen von *Chrysemys picta* sind kleiner als ihre Geschlechtspartnerinnen. Foto: A.S. Hennig

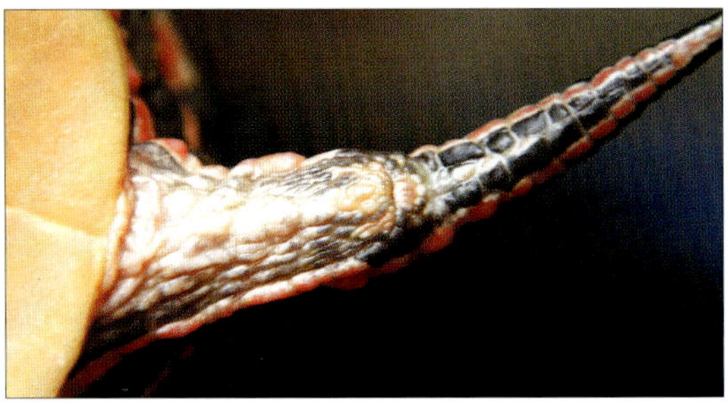

Zur Geschlechtsbestimmung adulter Zierschildkröten ist ein Blick auf Schwanzlänge und -form hilfreich: Bei Männchen sind sie länger und an der Schwanzwurzel dicker, zudem liegt die Analöffnung außerhalb des hinteren Panzerrandes. Foto: A.S. Hennig

Weibchen besitzen kürzere und dünnere Schwänze, der Analspalt liegt weitestgehend unter dem Carapaxrand. Foto: A.S. Hennig

Die Krallen an den Vorderfüßen von männlichen *Chrysemys picta* sind etwas länger als die der Weibchen. Foto: A.S. Hennig

ineinander über, bei den anderen drei Unterarten sind sie zueinander versetzt, siehe Bestimmungsschlüssel); C: Breite der hell markierten Ränder der zweiten Lateralschilde (Rippenschilde; prozentual zur Carapaxlänge). Die einer Unterart zugestandene Variabilität ist in Tabelle 3 ersichtlich. Exemplare, die mit ihren Messwerten zwischen die angegebenen Bereiche fallen, können als Intergrades angesehen werden.

Geschlechtsmerkmale

Weibliche Zierschildkröten werden insgesamt größer und schwerer als ihre männlichen Artgenossen. Adulte Weibchen unterscheiden sich von den Männchen durch einen längeren, breiteren und auch hoch gewölbten Carapax. Die kleineren Geschlechtspartner wirken somit zierlicher. Besonders deutlich wird dies bei *dorsalis*; hier können die Männchen im Vergleich extrem flach sein. Die Schwänze sind bei weiblichen Exemplaren kürzer und schlanker. Der Analspalt liegt noch unter dem hinteren Panzerrand, mehr in Richtung Schwanzwurzel, bei Männchen befindet sich die Analöffnung am (dickeren) Schwanz außerhalb des Randes. Männliche Zierschildkröten besitzen an ihren Vorderfüßen stark verlängerte Krallen.

Lebensraum und Lebensweise

Verbreitung

Das Verbreitungsgebiet von *Chrysemys picta* erstreckt sich von S-Kanada großflächig über weite Teile der USA. Die Nominatform kommt vom südöstlichen Kanada entlang der Atlantikküste bis ins südliche Georgia vor; die westlichsten Vorkommen liegen in O-Alabama. Fundorte von *Chrysemys picta dorsalis* liegen im Süden der Bundesstaaten Illinois und Missouri, den Mississippi entlang bis zur Golfküste in Louisiana; isolierte Populationen gibt es im Südosten Oklahomas sowie im angrenzenden Texas. Das Vorkommen von *Chrysemys picta marginata* erstreckt sich vom südlichen Quebec und Ontario in Kanada, die vier östlichen Großen Seen umschließend, südwärts bis Tennessee und N-Alabama. Die Westliche Zierschildkröte, *Chrysemys picta bellii*, die Unterart mit dem größten Verbreitungsgebiet, fand Lebensräume im westlichen Ontario westwärts bis British Columbia (jeweils Kanada), nach Süden über das nördliche Oregon, O-Colorado, Wyoming, Idaho bis zum nördlichen Oklahoma und Missouri. Verstreute *bellii*-Populationen gibt es in den südwestlichen USA; ein lokales Vorkommen existiert im mexikanischen Chihuahua (Ernst et al. 1994).

Zierschildkröten bilden an den gemeinsamen Verbreitungsgrenzen reproduktionsfähige Mischlingspopulationen. Solche Intergrades waren bereits Gegenstand von Untersuchungen und Auswertungen. Wo Populationen von *Chrysemys picta* beobachtet wurden, erfolgte auch häufig das Festhalten unterart(un)typischer Merkmale wie beispielsweise Plastronzeichnungen bei *picta*. Gerade hinsichtlich *picta* kamen Ultsch et al. (2001) zu interessanten Ergebnissen. Sie stellten fest, dass ein bedeutender Anteil der untersuchten Populationen (an den äußersten Punkten des Verbreitungsgebietes, Nova Scotia und Georgia, bei über

Verbreitung von *Chrysemys picta*

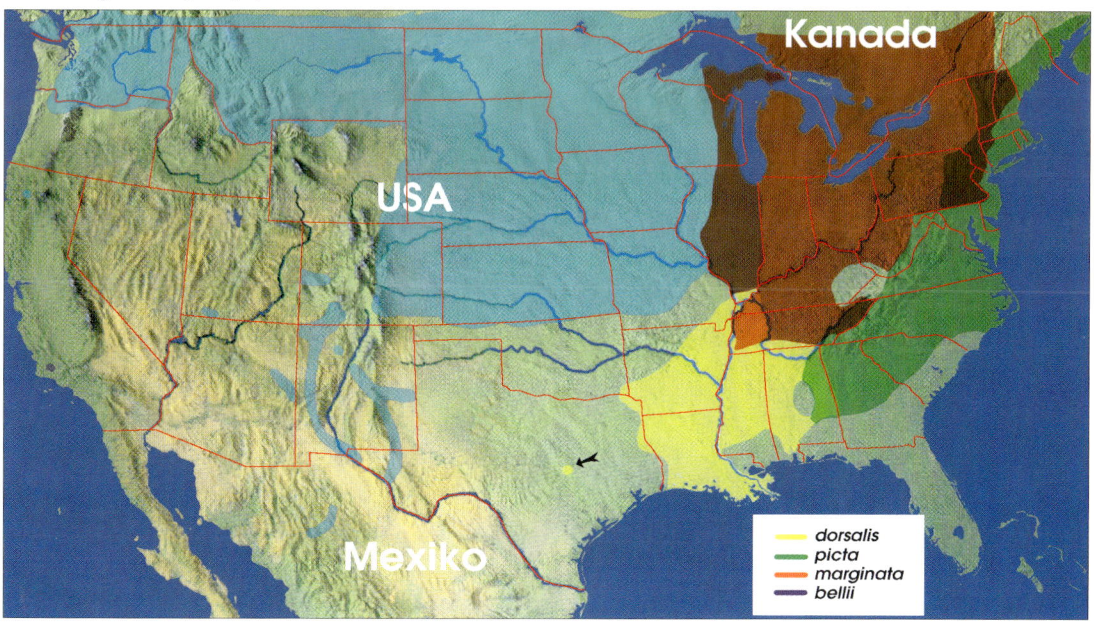

Tab. 4: Verbreitung von *Chrysemys picta*

Unterart	Bundesstaaten und Provinzen	Intergrades	Quellen
C. p. picta	New Brunswick: Verbreitungszentren an den Seen des Grand Lake im S sowie Miramichi River im O		1
	Nova Scotia: im SW und NO des Festlandes		1, 4, 5
	Alabama: im NO (hauptsächlich Intergrades)	im NO Intergrades mit *marginata* und *dorsalis*	1
	Conneticut: im gesamten Gebiet		1
	Delaware: im gesamten Gebiet		1, 17
	District of Columbia: im gesamten Gebiet		1
	Georgia: nördliche Hälfte	im äußeren W Vermischung mit *dorsalis*, im äußersten NW mit *marginata*	1, 5, 22
	Maine: entlang der Atlantikküste vom S bis O, verinselt im NO	partiell Vermischung mit *marginata*	1, 24
	Maryland: im gesamten Gebiet	in der westlichen Hälfte Vermischung mit *marginata*	1, 23
	Massachusetts: im gesamten Gebiet		1, 5
	New Hampshire:mit Ausnahme des nördlichen Drittels	nur im SO *picta*, ansonsten Intergrades mit *marginata*	1
	New Jersey: in der östlichen Hälfte	zunehmend nach NW Vermischung mit *marginata*, ebenso im N	1, 28
	New York: im SO und auf Long Island	Vermischung mit *marginata* im größten Teil des Bundesstaates, im SO dominiert *picta*, im W *marginata*, auf dem eigentlich mit reinen *picta*-Populationen gekennzeichneten Long Island einige wenige Intergrades beobachtet (eingeschleppte Unterarten)	5, 31, 32
	North Carolina: mit Ausnahme der südlichen Spitze im gesamten Bundesstaat	im W Mischpopulationen mit *marginata*	1, 5
	Rhode Islands: im gesamten Gebiet		1, 5
	South Carolina: in der nordwestl. Hälfte des Bundesstaates		1, 5
	Vermont: nur im äußersten SO Exemplare mit ausschließlich *picta*-Merkmalen	Intergrades mit *marginata* im gesamtem Bundesstaat	38, 39
	Virginia: im gesamten Gebiet, außer im SW (Lee, Wise, Dickenson, Buchanan, Russell, Tazewell, Smyth, Grayson u. Caroll Co.)	Populationen am Oberlauf des James River (Bath u. Highland Co.) wahrsch. Intergrades *marginata*/*picta*; da im angrenzenden O-Tennessee Mischpopulationen *marginata*/*picta* leben, müssten in den im äußeren SW gelegenen Scott u. Washington Co. ebenfalls Intergrades zu finden sein	21, 40
	West Virginia: nur in wenigen Countys an der Ostgrenze, SO: Mercer, Monroe; NO: Preston, Mineral, Hardy, Hampshire, Morgan, Berkeley, Jefferson	keine Intergrades dokumentiert, aber wegen der angrenzenden *marginata*-Populationen im O u. SO wahrscheinlich	1, 42
C. p. marginata	Ontario: weitestgehend flächendeckend ab North Channel und Nordseite Georgian Bay süd-, südost- und ostwärts, westlichster Fundort im Lake Superieur Prov. Park, einzelne Fundpunkte nördlich Georgian Bay; Korridor zwischen *marginata*- und *bellii*-Vorkommen im Westen ca. 70 km		1, 5, 7
	Quebec: Verbreitungszentrum bei Montreal, entlang des St. Lawrence River, nach Westen am Riv des Outaouais, Gewässer an der Grenze zu New York und Vermont; mehrere ehemalige Vorkommen südöstlich und nördlich von Montreal erloschen		1, 8
	Alabama: reine *marginata*-Vorkommen nur im äußersten NO	im NO Intergrades mit *picta* und *dorsalis*	1
	Georgia: im äußersten NW	Vermischung mit *picta* und *dorsalis*	1
	Illinois: unter Zugrundelegung von Nachweisen nach 1980 ist das ehemals flächendeckende Vorkommen von C. *picta* auseinandergerissen; im O	außer im W und NW Intergrades mit bellii; im Süden mit *dorsalis*	1, 20
	Indiana: im gesamten Gebiet		1, 5
	Kentucky: mit Ausnahme des östlichen Fünftels im gesamten Gebiet	im W Intergrades mit *dorsalis*	1, 21
	Michigan: im gesamten Gebiet	nördlich, etwa ab Höhe Saginaw Bay, Intergrades mit *bellii*	1, 25

Unterart	Bundesstaaten und Provinzen	Intergrades	Quellen
	New Jersey: im NW	Mischpopulationen mit *picta* im N u. NW	1, 28
	New York: reine *marginata* hauptsächlich im Westen	Mischpopulationen mit *picta* im größten Teil des Bundesstaates, mit Ausnahme des SO, hier dominiert *picta*, im Westen *marginata*	31, 32
	Ohio: im gesamten Gebiet		1, 5
	Pennsylvania: im W, in erster Linie im Ohio River und den Abflüssen des Lake Erie	Exemplare in den Flüssen (u. deren Abläufen) Susquehanna, Potomac u. Delaware sind Intergrades mit *picta* (östl. Hälfte des Bundesstaates), der Grad der *marginata* ähnlichen Tiere nimmt von W nach O ab	1, 34
	Tennessee: zentral, im NW u. O	im O Intergrades mit *picta*, im W mit *dorsalis*	1, 21
	Vermont: im gesamten Gebiet, aber Mischpopulationen mit *picta*	mit Ausnahme des äußersten SO Intergrades mit *picta* im gesamten Bundesstaat	1, 38, 39
	West Virginia: im W u. SW (Countys Boone, Kanawha, Roane, Wirt, Ritchie, Wood, Jackson, Mason, Putnam, Cabell, Wayne), N (Ohio Co.), O u. SO (Randolph, Greenbeer, Summers Co.)	keine Intergrades dokumentiert, aber wegen der angrenzenden *picta*-Populationen im O u. SO wahrscheinlich	1, 42
	Wisconsin: in der östlichen Hälfte des Bundesstaates	im gesamten Verbreitungsgebiet Mischpopulationen mit *bellii*	1, 43
C. p. dorsalis	Alabama: reine *dorsalis*-Vorkommen in der westl. Hälfte, nicht in Z-Alabama	im N, NO, O Intergrades mit *picta*, im äußersten NO mit *marginata*	1, 22
	Arkansas: vom SW über S, Zentrum, SO, O bis NO		1, 5, 22
	Georgia: im W und NW	Vermischung mit *picta* und *marginata*	1
	Illinois: im äußersten S	im S Vermischung mit *marginata* und *bellii*	1, 20, 35
	Kentucky: im SW	im Verbreitungsgebiet Intergrades mit *marginata*, in der äußersten westl. Spitze mit *bellii*	1, 21, 35
	Louisiana: vom SO über Z- und W-Louisiana bis flächendeckend im N		1, 5, 22
	Mississippi: außer im südlichen Drittel, Verbreitungsgrenze durch Wilkinson, Franklin, Lincoln, Grenze zw. Copiah/Simpson und Lawrence/Jefferson Davis, Smith, Jasper, Clarke Co., ein Nachweis außerhalb in Lawrence Co.		1, 26
	Missouri: im äußersten SO, nördliche Verbreitungsgrenze in Ripley, Carter, Wayne, Madison, Z-Bollinger, Cape Girardean Co.		1, 27
	Oklahoma: lediglich im äußersten SO		1, 2
	Tennessee: im westl. Drittel	im W u. NW Intergrades mit *marginata*, in der äußersten nordwestl. Spitze mit *bellii*	1, 21, 35
	Texas: im äußersten O (Marion, Harrison, Shelby Co.), isolierte Population in Z-Texas		1, 36
C. p. bellii	Alberta: entlang des Milk River; Populationen in Cypress Hills, Banff National Park, Edmonton Area und Hines Creek möglicherweise eingeschleppt		10
	British Columbia: entlang der Arrow Seen, des Kootenay River und an vielen Seen im Flachland der Arrow Timber Supply Area; auf Vancouver Island wahrscheinlich eingeschleppt; nördlichster Fundort in Vanderhoof (54. Längengrad) beruht möglicherweise auf ausgesetztem Heimtier		2, 11
	Manitoba: im Süden einschließlich Südküste des Lake Manitoba		1, 3
	Ontario: Woodland Caribou Prov. Park süd- und südostwärts bis Lake of the Woods, Thunder Bay u. Pukaskwa Nat. Park, östlichste Verbreitung ca. 90 km östlich vom Pukaskwa NP; Korridor zwischen *bellii*- und *marginata*-Vorkommen im Osten ca. 70 km		7
	Saskatchawan: weit im Süden		1,3
	Arizona: alte Aufzeichnung (1875) für Rock Creek Canyon, Navajo Co., aktuell nicht mehr bestätigt; im äußersten Westen, Little Colorado River, Apache Co.		2, 3, 6
	Colorado: östliche Hälfte ab einschl. der Countys Larimer, Boulder, Jefferson, Teller, Fremont, Custer, Huerfano, Pueblo, Otero, Bent, Prowers; in den westl. Countys Mesa (eingeschleppt) u. Delta (eingeschl. Population in der Nähe von Hotchkiss); im SW La Plata, Archuleta, San Juan, Hinsdale, Ouray		9, 12-16, 45

	Idaho: im N (Clearwater u. Shoshone Co. (jeweils Westen), Lewis, Nez Perce, Latah, Benewah, Kootenai, Bonner, Boundary); eingeschleppt und offenbar etabliert im SO (Lemhi Co.) und SW		19
	Illinois: unter Zugrundelegung von Nachweisen nach 1980 ist das ehemals flächendeckende Vorkommen von C. *picta* auseinandergerissen; W und NW	außer im W und NW Intergrades mit *marginata*, im S mit *dorsalis*	1, 20, 35
	Iowa: im gesamten Gebiet		1
	Kalifornien: offensichtlich eingeschleppte und etablierte Populationen in Kaiser Meadow (Siskiyou Co.) und im Twitchell Reservoir in Cuyama R.		2
	Kansas: im gesamten Gebiet		1
	Michigan: auf der nördlichen Halbinsel	Mischpopulationen mit *marginata*	1, 47
	Minnesota: im gesamten Gebiet		1
	Missouri: in den nördlichen 75 % des Gebietes, südl. Verbreitungsgrenze durch Newton, Lawrence, Greene, Webster, Wright, Texas, Dent, Crawford, Washington und Jefferson Co.		1, 27
	Montana: im gesamten Gebiet		2
	Nebraska: im gesamten Gebiet		1, 2
	New Mexico: Einzugsgebiete von Pecos River (Dona Ana, Sierra, Socorro, Valencia, Bernalillo, Sandoval, Rio Ariiba Co.), Rio Grande (Eddy, Chaves, De Baca, Roosevelt, Guadelupe) und San Juan (San Juan, Rio Arriba); Funde im Stadtgebiet von Santa Fe beruhen wahrscheinlich auf Aussetzungen		1, 2, 29, 30
	New York: keine natürlichen Vorkommen; einige wenige Funde, die wahrscheinlich auf ausgesetzte Heimtiere zurückzuführen sind		32
	North Dakota: höchstwahrscheinlich im gesamten Bundesstaat; gesicherte Nachweise (Fang) hauptsächlich westlich des Missouri, mit Ausnahme von Mercer u. Oliver Co., weitere Fänge im N (Ward, McHenry, Bottineau, Rolette), im W (Grand Forks) u. S (Emmons, Stutsman, Richland)		1, 2, 33
	Oklahoma: lediglich an der nördlichen Staatengrenze		1, 2
	Oregon: im NO und NW, jeweils angrenzend an die Populationen in Washington		2
	South Dakota: im gesamten Gebiet		1, 2
	Texas: im äußersten W (El Paso, Culberson Co.)		1, 36
	Utah: im S (Kane Co.)		2, 37
	Washington: entlang des Columbia River, östl. der Cascadas (Gebirgslandschaft, die in der westl. Hälfte des Bundesstaates von N nach S verläuft), eingeschleppte Populationen westl. der Cascadas		2, 41
	Wisconsin: im gesamten Gebiet, nur für Green Co. im S fehlen Nachweise	in der östl. Hälfte des Bundesstaates Mischpopulationen mit *marginata*	1, 43
	Wyoming: im SO, NO u. N, jeweils nur „Ausläufer" von Populationen in angrenzenden Bundesstaaten		2
	Chihuahuan Desert (Mexiko): Laguna Santa Maria und südl. davon entlang des Rio Santa Maria		2, 44, 46
***C. picta* ssp.**	Florida: lokal eingeschleppt, ohne genauere Angaben		18

Abkürzungen: Co. - County; O - Osten, N - Norden, NO - Nordost(en); NW - Nordwest(en); S - Süden; SO - Südost(en); SW - Südwest(en); W - Westen; Z - Zentral

Quellen: 1 Conant & Collins (1998); 2 Stebbins (1985); 3 Iverson (1992); 4 Gilhen (1984); 5 Ultsch et al. (2001); 6 Arizona Heritage Data Management System (2002); 7 Ontario Herpetofaunal Atlas (2000); 8 Quebec Biodiversity Website (1996); 9 Hammerson (1986); 10 University of Alberta, Museum of Zoology (2000); 11 Houde et al. (2001); 12 Sperger et al. (1995); 13 Bergman et al. (1997); 14 Smith & Chiszar (1995); 15 Boback et al. (1996); 16 Holland et al. (1994); 17 List of Amphibians and Reptiles Winterthur Mus. New Castle Co., Delaware, 1997-1998 (2001); 18 Florida Museum of Natural History (2000); 19 Cossel, J. jr. (Idaho Museum of Natural History, 1997); 20 Phillips et al. (2001); 21 Ernst (1970a); 22 Ernst (1967); 23 Virginia Department of Game and Inland Fisheries (2002); 24 Rhodin & Mittelhauser (1994); 25 University of Michigan, Museum of Zoology (2000); 26 Mississippi State University (1998); 27 Missouri Department of Conservation (2000); 28 DePari (1996); 29 Degenhardt et al. (1996); 30 Stuart (2001); 31 New York State Amphibian and Reptile Atlas Project 1990-1999 (2000); 32 Breisch (schriftl. Mitt.); 33 Hoberg & Gause (1992); 34 Hulse et al. (2001); 35 Cahn (1937); 36 Texas Memorial Museum (2000); 37 Utah Division of Wildlife Resources (2000); 38 Andrews (schriftl. Mitt.); 39 The Vermont Reptile & Amphibian Atlas (2001); 40 Department of Game & Inland Fisheries (2002); 41 University of Puget Sound (1998); 42 Marshall University (2002); 43 Milwaukee Public Museum (1998); 44 Morafka (1977); 45 Colorado Herpetol. Society (1998); 46 Smith & Smith (1979); 47 Harding (2002)

Zierschildkröten leben in weiten Teilen der USA, in Süd-Kanada und lokal im nördlichen Mexiko; die Abbildung zeigt den Lebensraum in Nova Scotia, Kanada. Foto: A. Gräf

50 % der Tiere) Zeichnungselemente auf dem Bauchpanzer besitzt. Kennzeichen für *picta* ist eigentlich ein zeichnungsloses Plastron. Die niedrigsten prozentualen Anteile besaßen Tiere im Gebiet von New Hampshire bis Long Island (New York). Genauso verhält es sich mit der Ausrichtung der zweiten Rippenschilde zum zweiten Wirbelschild: Bei *picta* aus Georgia sind diese weitestgehend in einer Linie angeordnet, bei Exemplaren aus Nova Scotia sind sie am weitesten gegeneinander versetzt. Beides sind Anzeichen für einen *marginata*-Einfluss. Dennoch handelt es sich bei den untersuchten Populationen um solche von *picta*, obgleich ULTSCH et al. als Ergebnis ihrer Arbeit u. a. formulieren, dass „eine ‚reine' *picta* nicht existiert; *marginata*-Einfluss gibt es in deren gesamtem Verbreitungsgebiet".

Bereits ERNST (1967, 1970a) befasste sich mit der Intergradation von *Chrysemys-picta*-Unterarten. So untersuchte er Populationen in Arkansas, Louisiana, Mississippi, Alabama sowie Georgia. Die Zierschildkröten in letztgenanntem Bundesstaat definierte er als *picta*, die Tiere in Arkansas, Louisiana und Mississippi als *dorsalis*; Exemplare aus Alabama zeigten große Variationen, und ihr Vorkommen konnte als Intergradationszone angesprochen werden. Hier fand ERNST 15 % *dorsalis* (acht Exemplare), 43,4 % *picta* (23 Ex.) und 41,6 % Intergrades *dorsalis* x *picta* (22 Ex.). In den nördlich daran angrenzenden Bundesstaaten Tennessee und Kentucky vermerkt er zwei Intergradationszonen: Eine im östlichen Tennessee zwischen *marginata* und *picta* sowie eine weitere in W-Kentucky und NW-Tennessee zwischen *dorsalis* und *marginata*. Konkret in Zahlen dargestellt fand er im östlichen Tennessee 15 % *marginata* (10 Ex.), 45 % *picta* (29 Ex.) sowie 40 % (26 Ex.) *marginata* x *picta*; Zentrum der Intergradation war die Region um Knoxville. Im westlichen Kentucky und nordwestlichen Tennessee waren es 69 % *dorsalis* (123 Ex.), lediglich 2 % *marginata* (4 Ex.) sowie 29 %

dorsalis x *marginata* (52 Ex.). POUGH & POUGH (1968) stellten bei 66 im westlichen New York gefangenen *marginata* fest, dass 9 % von ihnen keine Plastronzeichnung aufwiesen, ein Merkmal der Nominatform. Ebenfalls *marginata* mit fehlender Bauchpanzermarkierung fanden ERNST & FOWLER (1977) in Tennessee, Kentucky und Pennsylvania; 11 % der untersuchten Exemplare waren davon betroffen. Neben den vorgenannten Intergradationszonen gibt es natürlich noch weitere Gebiete, in denen es zu Mischpopulationen kommt; eine Übersicht dazu zeigt Tabelle 4.

An gemeinsamen Verbreitungsgrenzen der Unterarten kommt es zu Mischpopulationen. Auf dem Foto zu sehen ist ein im Biotop gefundener Intergrade zwischen *C. p. marginata* und *C. p. bellii*; die Plastronzeichnung dieses Tieres wies auf *bellii* hin. Foto: J.H. Harding

Klima

Das Verbreitungsgebiet von *Chrysemys picta* ist wesentlich geprägt von feuchtgemäßigtem Klima mit heißen Sommern (südöstliches Viertel der USA), winterfeuchtkaltem Klima (Nordosten und Teile der nordwestlichen US-Bundesstaaten, Süden und Südosten Kanadas) sowie dem Steppenklima im Westen und Nordwesten der Vereinigten Staaten und SW-Kanada (MÜLLER 1996). So befindet sich das Verbreitungsgebiet von *dorsalis* ausschließlich in einem Gebiet, dessen kältester Monat eine mittlere Temperatur zwischen 18 und -3 °C aufweist. Das Gleiche trifft auf die jeweils südliche Hälfte der Verbreitungsgebiete von *marginata* und der Nominatform zu. Für *bellii* sind nur die südöstlichsten Vorkommen (Kansas, N-Oklahoma, Missouri, Illinois) auf diese Weise charakterisiert. Bis auf einen Streifen – grob skizziert vom südöstlichen Alberta und südwestlichen Saskatchewan (Kanada) über O-Montana, westliches North Dakota sowie South Dakota, O-Wyoming und -Colorado (alles Verbreitungsgebiete von *bellii*) – zeigt das restliche zusammenhängende Verbreitungsgebiet im kältesten Monat Mitteltemperaturen von unter -3 °C. Besagter Klimastreifen ist geprägt vom Steppenklima (Trockenklima). Die isolierten Vorkommen von *bellii* sind gekennzeichnet von Steppen- und winterfeuchtkaltem Klima (MÜLLER 1996).

Ausgewählte Klimastationen im Verbreitungsgebiet von *Chrysemys picta* (nach MÜLLER 1996)

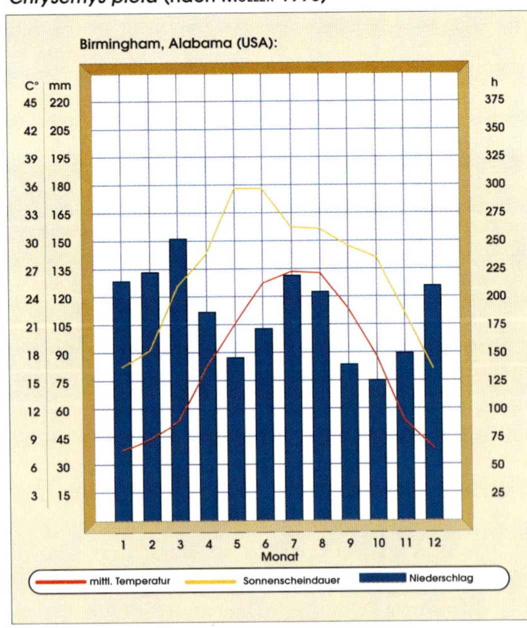

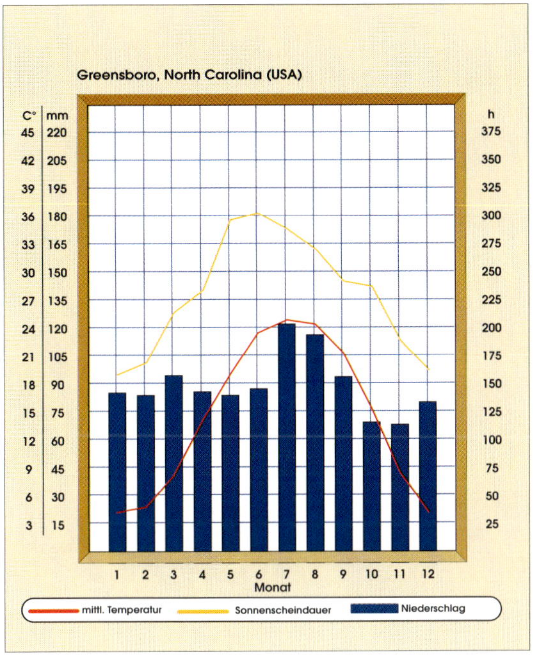
Greensboro, North Carolina (USA)
C° mm
h
Monat
mittl. Temperatur
Sonnenscheindauer
Niederschlag

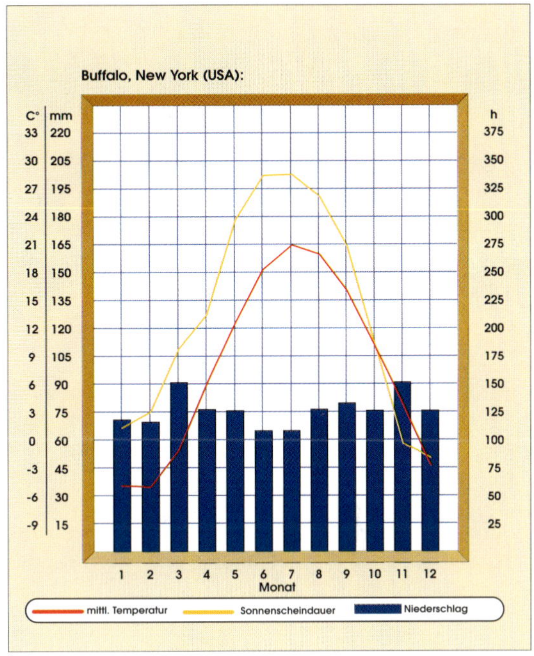
Buffalo, New York (USA):
C° mm
h
Monat
mittl. Temperatur
Sonnenscheindauer
Niederschlag

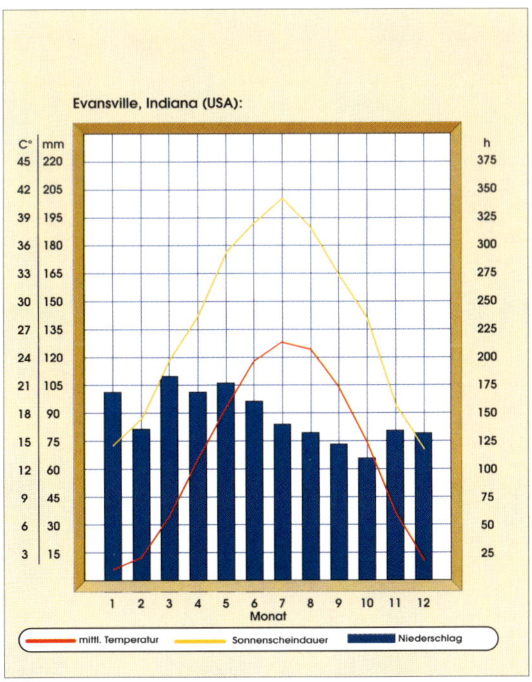
Evansville, Indiana (USA):
C° mm
h
Monat
mittl. Temperatur
Sonnenscheindauer
Niederschlag

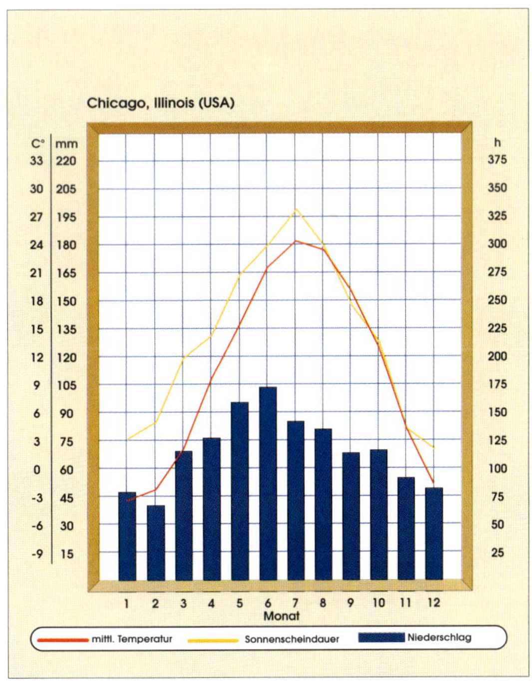
Chicago, Illinois (USA)
C° mm
h
Monat
mittl. Temperatur
Sonnenscheindauer
Niederschlag

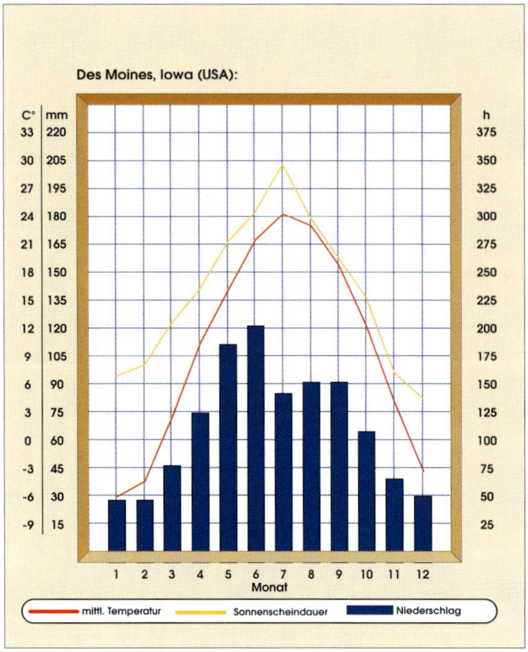
Des Moines, Iowa (USA):
C° mm
h
1 2 3 4 5 6 7 8 9 10 11 12
Monat
mittl. Temperatur
Sonnenscheindauer
Niederschlag

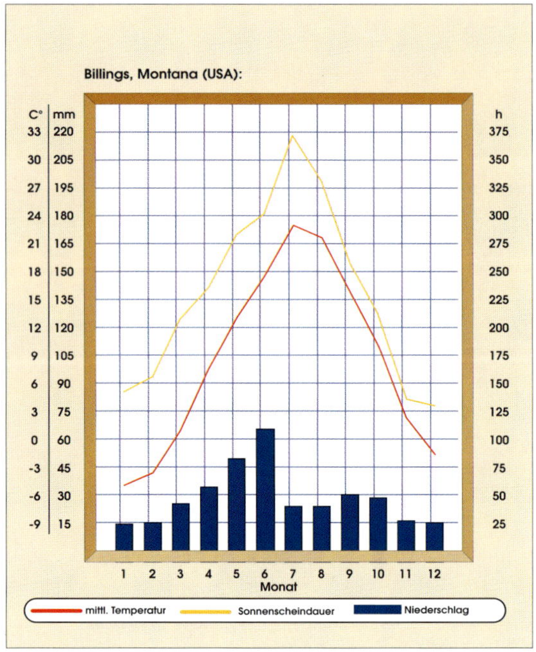
Billings, Montana (USA):
C° mm
h
1 2 3 4 5 6 7 8 9 10 11 12
Monat
mittl. Temperatur
Sonnenscheindauer
Niederschlag

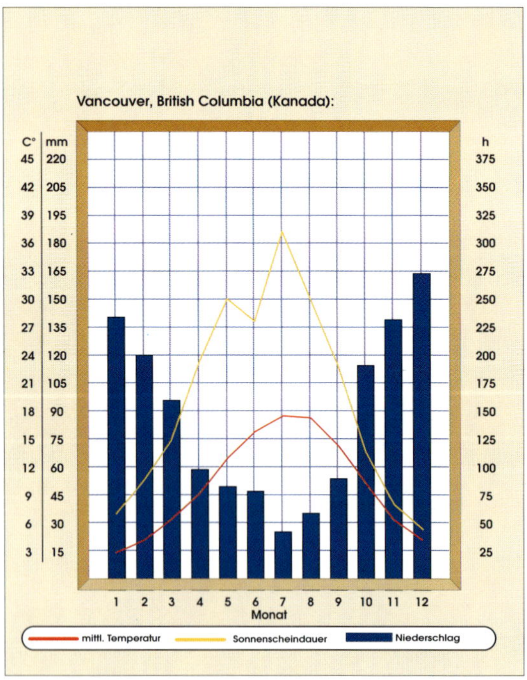
Vancouver, British Columbia (Kanada):
C° mm
h
1 2 3 4 5 6 7 8 9 10 11 12
Monat
mittl. Temperatur
Sonnenscheindauer
Niederschlag

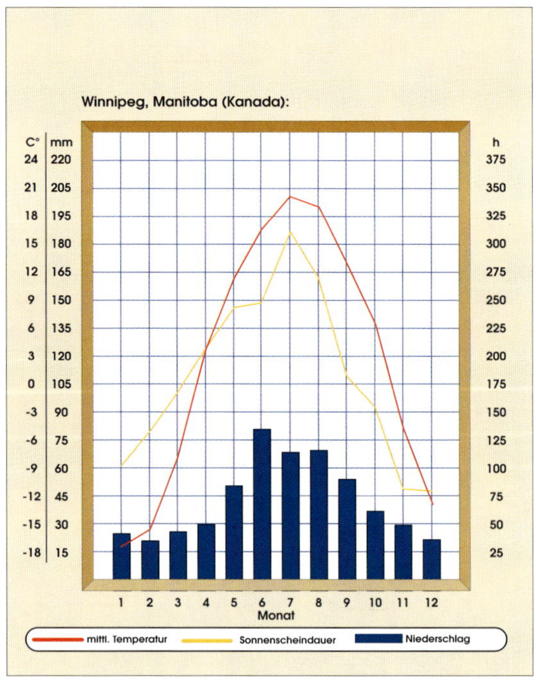
Winnipeg, Manitoba (Kanada):
C° mm
h
1 2 3 4 5 6 7 8 9 10 11 12
Monat
mittl. Temperatur
Sonnenscheindauer
Niederschlag

Habitate

Zierschildkröten bevorzugen seichte Stillgewässer wie Teiche, Sümpfe, Altarme, Seen und Feuchtgebiete, aber auch flache, langsam fließende Bereiche der Flüsse und Ströme, insbesondere deren Buchten und Abschnitte der ausgeprägt starken Flussbiegungen (ERNST et al. 1994). Die gleichen Autoren erwähnen auch gelegentliche Besiedlungen von Brackwasserbereichen entlang der Atlantikküste. Die Struktur der bevorzugten Süßwasserhabitate ist gekennzeichnet von weichem schlammigen Boden, reichlicher Unterwasservegetation und aus dem Wasser ragenden Baumstämmen, die als Sonnenplätze genutzt werden (u. a. STEBBINS 1985; REDMOND et al. 1990; CONANT & COLLINS 1998). Als recht anpassungsfähige Art besetzt *Chrysemys picta* auch künstliche Gewässer wie Gräben, Viehtränken (angelegte Teiche), Abwasserteiche (ERNST & McDONALD 1989) und Teiche an Straßenrändern; gemieden werden hingegen stark industrialisierte Gebiete (u. a. CARR 1952; ERNST & ERNST 1973). Die letztgenannten Autoren fanden *C. p. bellii* jedoch auch an einem sehr befremdlichen Ort, einem Teich inmitten einer Müllhalde in Lyon County, Minnesota. Hier sonnten sich die Schildkröten auf aus dem Wasser ragenden Autowracks und schwammen zwischen Blechbüchsen und anderem Abfall. WALZ (schriftl. Mittlg.) beobachtete Ende Mai *C. p. marginata* im kanadischen Süd-Ontario. Er entdeckte zahlreiche Exemplare in dicht bewachsenen Stillgewässern, die durchschnittlich 1–2 m tief waren. An der Wasseroberfläche trieben neben zahlreichen Seerosenblättern umfangreiche Wasserpflanzenpolster, durch die die Schildkröten ihre Köpfe steckten, wenn sie zum Atmen an die Oberfläche kamen. Sonnenplätze waren in Form von aus dem Wasser ragenden Baumstümpfen und liegenden Baum-

Typischer Lebensraum von *Chrysemys picta*. Foto: A. Gräf

stämmen vorhanden. Die gemessene Wassertemperatur betrug an der Oberfläche 30–32 °C, in 10 cm Tiefe 24 °C. In den tieferen Schichten des mit Grundwasser gespeisten Teiches sanken die Wärmegrade bis auf 15 °C. SCHULZ (2000) fand im August/September zahlreiche *C. p. marginata* in einem Parkteich in Toronto (Kanada). Das Gewässer hatte unterschiedlich breite Verlandungszonen; die Wasserfläche war zu etwa einem Drittel mit Seerosen und Fadenalgen bedeckt. Im Wasser lagen Baumstämme, auf denen sich die Schildkröten sonnten. An einer Stelle konnte vom Boot aus der etwa 2 m tiefer liegende schlammige Boden gesehen werden, er war dicht mit Wasserpest überwuchert. Ca. 150 km nördlich von Toronto entdeckte derselbe Autor in ausgedehnten Moorgebieten lediglich ein Jungtier, das sich am Grunde eines ausgetrockneten Waldtümpels unter einem Stück Totholz aufhielt. HNIZDO & HAGEN (1996) beobachteten in Louisiana in den riesigen Sumpfgebieten um den Lake Pontchartain und New Orleans dichte Populationen von *C. p. dorsalis* (Reisezeit: April). LINDEMAN & SCOTT (2001) untersuchten die Schildkrötenpopulationen in einigen Buchten des Kentucky Lake sowie des Lake Barkley. Die Aktivitätsbereiche der beobachteten kleinen Population von *Chrysemys picta* in der Colson Bay lagen in einem Bereich mit seichtem Wasser, dessen Tiefe im Sommer stets unter einem Meter betrug. Das Substrat bestand aus Kies und Schlamm, Sonnenplätze schuf ein sehr langer ins Wasser gefallener Baum. GRÄF (schriftl. Mittlg.) fand *C. p. picta* im Kejimkujik National Park in Nova Scotia (Kanada). Der dort fließende Mersey River zeigt in seinen Uferbereichen ausgeprägte und vielfältige Vegetation; im Bereich des Kejimkujik Lake lässt sie etwas nach, und die Ufer sind teilweise recht steinig. Aus dem Wasser ragende Baumstämme und -stümpfe dienen als Sonnenplätze.

Trocknen die Gewässer aus, können Zierschildkröten sie verlassen und sind dann bei Überlandwanderungen anzutreffen. So beobachteten beispielsweise ERNST & ERNST (1973) adulte Exemplare beider Geschlechter beim Abwandern aus einem ausgetrockneten Habitat.

Populationsgrößen und -strukturen

Chrysemys picta ist in den ihr zusagenden Gewässern innerhalb ihres Verbreitungsgebietes gewöhnlich die häufigste Schildkröte (ERNST et al. 1994). So errechnete ERNST (1971) im Ergebnis einer 23jährigen Studie in White Oak, Pennsylvania, 590 Exemplare je Hektar Wasserfläche. Insgesamt wurden sieben Schildkrötenarten vorgefunden, 76 % aller im Untersuchungszeitraum und -gebiet gefangenen Schildkröten waren *C. picta*. SEXTON (1959) schätzte die Dichte einer Population in Michigan (Verbreitungsgebiet von *C. p. marginata*) während einer Trockenperiode auf 410 Exemplare je Hektar, während des höheren Wasserstandes auf 99 Tiere/ha. GIBBONS (1968) markierte ebenfalls in Michigan (Sheriff's Marsh) 1001 Schildkröten und schätzte im Ergebnis seiner Untersuchungen eine Dichte von 576 Exemplaren/ha. 1988 veröffentlichten FRAZER et al. für diese Population 838 Tiere/ha (geschätzte Populationsgröße insgesamt 3377). ROSS (1989) kam im Ergebnis seiner Untersuchungen in einem Feuchtgebiet in Zentral-Wisconsin auf 104 *C. picta* je Hektar Wasserfläche. Die Dichte in kleineren Teichen ist wesentlich geringer oder zumindest sehr variabel (LINDEMAN 1990). So registrierte BAYLESS (1975) in einem drei Hektar großen Teich in New York lediglich 25 Zierschildkröten/ha. ZWEIFEL (1989) errechnete im Zuge seiner Arbeit an einem kaum 0,3 ha großen Teichgebiet auf Long Island (New York) für die Zeit des Frühlings einen durchschnittlichen Bestand von 137 Tieren/ha. Da sich die Schildkröten jedoch hauptsächlich in einem einzigen Teich aufhielten, ergab sich – auf diesen Teich bezogen – eine Populationsdichte von 150 bis 525 Tieren/ha (durchschnittlich 348/ha)! Für die Colson Bay am Kentucky Lake verliefen die Fangversuche von ERNST (1970) hinsichtlich *C. picta* wenig erfolgreich; er vermutete, dass die von dort bekannte Population durch einen strengen Wintereinbruch ausgelöscht wurde. 1992 entdeckte LINDEMAN jedoch eine kleine, aber stabile Population (LINDEMAN & SCOTT 2001), die in den darauf folgenden Jahren kontinuierlich untersucht wurde. In den bis 1999 anhaltenden Beobachtungen am Sonnenplatz wurden insgesamt 467 Schildkröten bestimmt. Im Ergebnis der Auswertung wurde ersichtlich, dass *Chrysemys picta* nur die zweithäufigste Art war (durchschnittlich 1,1 Exemplare, maximal 5 bei einer Beobachtung), und zwar nach *Trachemys scripta* (durchschnittlich 12 Männchen, 5 Weibchen; max. 56). Auch bei den in Fallen gefangenen Tieren wurde ein ähnliches Ergebnis ermittelt. So ist diese auf einer Fläche von 50 x 150 m lebende Population von *C. picta* über Jahre hinweg stabil, ohne jedoch deutliche Zuwächse zu verzeichnen.

Flusspopulationen zeigen eine geringe Dichte. So sammelte NORMAN (1989) an 23 Stellen des Blackwater River in Virginia lediglich 67 *C. picta*, das sind nur 18,4 % aller im Untersuchungszeitraum festgestellten Schildkröten. MACCULLOCH & SECOY (1983) schätzten die Dichte von *C. p. bellii* im Qu'Appelle River in Saskatchewan (Kanada) auf lediglich 11,1 Tiere/ha.

Zum Untersuchen der Populationsstruktur markierte GIBBONS (1968) für eine Langzeitstudie 1001 Zierschildkröten einer Population in Michigan. Das Geschlechterverhältnis lag bei etwa 1:1; berücksichtigt wurden neben den geschlechtsreifen Tieren auch juvenile Exemplare (die Hälfte der untersuchten Schildkröten war noch nicht geschlechtsreif). Zu ähnlichen Ergebnissen kamen ERNST (1971b), MITCHELL (1988), ROSS (1989) und ZWEIFEL (1989). Kurzzeitige Schwankungen kommen aber vor (KOFRON & SCHREIBER 1987; ZWEIFEL 1989). Es gibt bei manchen Populationen auch verschobene Geschlechterverhältnisse, gewöhnlich zu Gunsten der Männchen (ERNST & ERNST 1973; BAYLESS 1975; GIBBONS & LOVICH 1990). Auch REAM & REAM (1966) stellten im Lake Mendota, Wisconsin, ein Verhältnis von 1,36 adulten Männchen pro Weibchen fest. ERNST & ERNST (1973) errechneten für den Lake Shetek State Park in SW-Minnesota ein Geschlechterverhältnis von adulten Männchen zu Weibchen von 1,46:1. DEPARI (1996) bestimmte die Geschlechter von 194 im nördlichen New Jersey geschlüpften Intergrades zwischen *C. p. picta* und *C. p. marginata*. 141 Exemplare (72,7 %) waren männlich, lediglich 53 (27,3 %) waren Weibchen (Verhältnis 2,6:1). Untersuchungen zu den Altersklassen in Zierschildkrötenpopulationen fielen meist zu Gunsten adulter Tiere aus. GIBBONS (1968) stellte zwar bei seinen Untersuchungen in Michigan ein Verhältnis von einem Jungtier zu 0,92 Alttieren fest, doch die überwiegende Zahl der Ergebnisse tendiert zu einer größeren Zahl an adulten *C. picta* – 1:3 in Quebec (Kanada; BIDER & HOEK 1971), 1:42 in Pennsylvania (ERNST 1971), 1:5 in New York (BAYLESS 1975), 1:1,0 bis 1:1,3 in Virginia (MITCHELL 1988) oder auch 1:0,45 bis 1:6,3 bei ZWEIFELS Arbeit in New York (1989). Für alle Feldstudien zutreffend, bemerkten REAM & REAM (1966) jedoch, dass die angewandten Sammelmethoden (Fallenfang mit unterschiedlichen Ködern, Sichtfang, Berücksichtigung von Wiederfängen) Einfluss auf die Ergebnisse haben. So erbeuteten die beiden Autoren mit der Hand überwiegend juvenile Schildkröten, Köderfallen lockten hauptsächlich Männchen an, in leeren Fallen verfingen sich überwiegend Weibchen (vgl. auch OBST 1995). Ich gehe davon aus, dass juvenile Wasserschildkröten nur sehr schwer in den Habitaten zu finden sind. Um sich vor Fressfeinden zu schützen, leben sie sehr versteckt und meiden sicherlich

***Chrysemys picta* (hier ein Männchen der östlichen Unterart) ist in den ihr zusagenden Gewässern gewöhnlich die häufigste Schildkröte.**
Foto: A.S. Hennig

weitestgehend das offene Wasser, wo sie leichte Beute für Raubfische, größere Wasserschildkröten u. Ä. werden können. Über Fehlerquoten von verschiedenen Schätz-Techniken bei Feldstudien diskutieren auch KOPER & BROOKS (1998).

Die weiblichen *C. picta* der von GIBBONS (1968) markierten Population in Michigan legten insgesamt 6000 Eier im Jahr. Lediglich bei 2 % kam es zum Schlupf, die meisten Eier fielen Fressfeinden zum Opfer, waren nicht befruchtet oder ungünstigem Wetter ausgesetzt. WILBUR (1975) stellte eine Mortalitätsrate von über 92 % zwischen Eiablage und dem Erreichen des Wassers durch den Schlüpfling fest. TINKLE et al. (1981) geben für den Zeitraum vom Ei zum Schlüpfling eine Überlebensrate von bis zu 67 % an. MITCHELL (1994) gibt die Chance des Überlebens von einem Jahr zum nächsten bei Juvenilen mit 46 % an, für adulte Zierschildkröten mit 94–96 %. Bei der von FRAZER et al. (1991) im südwestlichen Michigan untersuchten Population lag die jährliche Überlebensrate von bis zu sechs Jahre alten Zierschildkröten bei 21–51 %. Bei über sechs Jahre alten Männchen lag diese bei 64–83 %, bei gleichaltrigen Weibchen lediglich bei 29–50 %; für eine andere Population in Michigan berechnete WILBUR (1975) für ein- bis über 30-jährige Tiere 76 %.

Jahresaktivität

Die Hauptaktivitätszeit von *Chrysemys picta* liegt zwischen März und Oktober (ERNST et al. 1994). Im nördlichen Virginia und SO-Pennsylvania wurden in jedem Monat Zierschildkröten beobachtet, die sich sonnten. Dies setzt natürlich entsprechende Wärme- bzw. Sonnentage voraus. Gibt es diese in den Wintermonaten, können sich in eisfreien Gewässern auch in anderen Populationen Schildkröten tagsüber auf den Sonnenplätzen aufhalten. So berichten VOGT (1981) und ROSS (1989) von nördlichen Vorkommen, wo im Februar und zeitigen März Exemplare beim Sonnen beobachtet wurden. VOGT wies unter dem Eis schwimmende Exemplare nach. Auch ich konnte schon *C. p. bellii* unter einer Eisschicht aktiv schwimmen sehen. Dies deckt sich mit Beobachtungen von GIBBONS (1967), der wiederholt bemerkte, wie sich Zierschildkröten bei sonnigem Winterwetter am Grund eines Sees an flachen Stellen versammelten. Hier nutzten sie die durch die dünne Eisschicht fallenden Sonnenstrahlen zum Erhöhen der Körpertemperatur. Dagegen stellten ERNST & ERNST (1973) bei einer Population von *C. p. bellii* in SW-Minnesota fest, dass die Schildkröten nicht vor dem zeitigen Mai aktiv wurden. In den aufgestellten Fallen waren erst Zierschildkröten, als die Wassertemperaturen bei über 18 °C lagen. Die letzten Fallenfänge erfolgten im September, als die Wassertemperatur 20 °C betrug. Nach diesem Zeitpunkt wurden im noch kälteren Wasser nur noch träge Exemplare gefunden. In Kansas (ebenfalls *C. p. bellii*) wurden die Tiere üblicherweise bei Lufttemperaturen von über 20 °C aktiv, waren aber auch schon bei Wärmegraden von unter 10 °C zu beobachten (COLLINS 1982). Meist nimmt *C. picta* bis zu einer Wassertemperatur von etwa 15 °C keine Nahrung auf, doch einige fressen noch bei 14 °C, wenn auch „teilnahmslos" (ERNST 1972).

SEXTON (1959) teilte nach Freilandbeobachtungen an *C. p. marginata* ein Kalenderjahr in fünf Abschnitte: Beginnend mit dem Schmelzen des Eises bis etwa zum 25. März, spätestens jedoch mit dem Verlassen der Überwinterungsplätze, verläuft die erste Aktivitätsphase. Die nächste dauert vom 16. März bis 31. Mai bzw. so lange, wie die für *C. picta* so wichtigen Wasserpflanzen die Wasseroberfläche erreicht haben und die meisten Paarungen stattfanden. Der dritte Abschnitt, etwa vom 1. Juni bis 31. August, beginnt mit der Eiablage und endet mit der Rückkehr in die Überwinterungsgewässer. Die anschließende Phase dauert bis zum 1. Dezember, zumindest jedoch bis zur Bildung einer Eisschicht auf den Gewässern; einige Paarungen sind in dieser Zeit noch möglich. In Abschnitt Nr. 5 ist das Wasser mit einer dauerhaften Eisschicht bedeckt. Auch hier wird wieder deutlich, wie sehr sich die den Temperaturen geschuldeten Verhaltensweisen je nach Verbreitungsgebiet unterscheiden können: Während im warmen Süden *C. p. dorsalis* nicht überall eine deutliche Ruhephase einlegt, kann die Winterruhe von *C. p. bellii* im äußersten Norden des Verbrei-

Die Westliche Zierschildkröte wurde auch schon beim Schwimmen unter der Eisdecke von Gewässern beobachtet.
Foto: A.S. Hennig

tungsgebietes über sieben Monate andauern (ERNST et al. 1994).

Die Kloakentemperatur aktiver *C. picta* in SO-Pennsylvania beträgt durchschnittlich 22 °C (8–29 °C); 50 % der untersuchten Exemplare wiesen die nach ERNST (1972) optimalen Temperaturen von 17–23 °C auf.

Die Überwinterung erfolgt am Grunde der Gewässer, im weichen, schlammigen Bodensubstrat, aber auch eingekeilt unter Baumstümpfen und -stämmen sowie in Bisamratten- und Biberbauen (MITCHELL 1994, 2001; ERNST et al. 1994). Letztere Autoren erwähnen zudem überflutete Wälder und Weideland als mögliche Überwinterungsplätze. Das Wasser ist an den Winterruheplätzen nach Möglichkeit mehr als 2 m tief, gewöhnlich sind es aber weniger. Dort graben sich die Zierschildkröten bis zu 95 cm in den weichen Bodengrund ein. Bei einer Population in Pennsylvania wurden überwinternde *C. picta* 46 cm tief im schlammigen Boden eines permanent Wasser führenden Gewässers gefunden (DEGENHARDT et al. 1996). ERNST (1972) maß bei 22 überwinternden *C. picta* in Pennsylvania die Kloakentemperatur; sie betrug durchschnittlich 6,2 °C. Bei 20 Exemplaren war die Temperatur damit höher als die des Wassers, und bei 15 Tieren lag sie höher als die des Bodensubstrates im Überwinterungsgewässer. Ähnliche Ergebnisse erhielten TAYLER & NOL (1989), als sie im kanadischen Ontario im Substrat 3–6 °C maßen und die darin ruhenden Zierschildkröten am Rückenpanzer eine Oberflächentemperatur von 4–6 °C aufwiesen.

Nur wenige Reptilien, darunter auch Schlüpflinge von *C. p. marginata*, können über mehrere Wochen Temperaturen bis zu -6 °C, kurzzeitig auch -8 °C, überstehen; bis zu maximal 65 % der Flüssigkeit zwischen den Zellen können dabei gefroren sein (STOREY 1990; STOREY et al. 1988; BIDMON 2001). Nur wenige Wirbeltierarten sind zu dieser einzigartigen Leistung in der Lage! Autoren wie PACKARD & PACKARD (2001), PACKARD et al. (2001) sowie CONSTANZO et al. (2001) kommen in ihren Arbeiten zum Schluss, dass die Befähigung zur Kälteresistenz ein aktiver, vom Tier gesteuerter Prozess ist. Er führt dazu, dass einige niedermolekulare Eiweiße, Aminosäuren und Zucker gebildet und als Frostschutz in den Körperflüssigkeiten eingelagert werden (vgl. BIDMON 2001). Es kommt nicht selten vor, dass Schlüpflinge aus spät im Jahr gelegten Eiern diese zwar verlassen, aber in der Nestgrube überwintern. Erst im späten April und Mai des darauf folgenden Jahres sind sie dann draußen zu finden (ERNST et al. 1994). So fanden BREITENBACH et al. (1984) im fünfjährigen Untersuchungszeitraum in Michigan insgesamt 43 Nistgruben von *C. p. marginata* mit überwinternden Schlüpflingen. Sie hatten die Eier verlassen und verharrten aufrecht in den Gruben (die aufrechte Position – Hinterbeine unten, Vorderbeine und Kopf oben – wurde 1989 auch von PACKARD et al. beschrieben). Im Nest überwinternde Schlüpflinge von *C. picta* wurden mehrfach nachgewiesen (u. a. HARTWEG 1946; MAHMOUD 1968; GIBBONS & NELSON 1978; COLLINS 1982; HAMMERSON 1982; GILHEN 1984; CHRISTENS & BIDER 1987; PAUKSTIS et al. 1989; ST. CLAIR & GREGORY 1990; LINDEMAN 1991; MITCHELL 1994; DEPARI 1996). Dabei wurden während der kältesten Winterzeit gewöhnlich Temperaturen zwischen -5 und -10 °C im Nest festgestellt (WOOLVERTON 1963; STOREY et al. 1988; PACKARD et al. 1989; ST. CLAIR & GREGORY 1990; DEPARI 1996). PACKARD & PACKARD (1993) untersuchten im Labor die Kältetoleranz von Westlichen Zierschildkröten aus Nebraska. Hier gab es zwar zwei Schlüpflinge, die sieben Stunden lang Körpertemperaturen von -11,5 bzw. -12,1 °C überlebten, doch starben etliche andere Exemplare bei weitaus geringeren Minusgraden. Nach weiteren Laboruntersuchungen an überwinternden Schlüpflingen aus dem nördlichen Minnesota (PACKARD et al. 1999) wurde geschlussfolgert, dass die im Nest befindlichen Tiere – genauso wie Schlüpflinge aus North Dakota, dem nördlichen Zentral-Nebraska und dem nördlichen Illinois – die Kälte des Mitt-Winters überstehen können. Trotz „Frostschutz" kommt es dennoch in der Natur teilweise zu beträchtlichen Mortalitätsraten während der Winterruhe. LINDEMAN (1991) stellte in Idaho bei 193 überwinternden Eiern eine Gesamtüberlebensrate von lediglich 21–33 % und innerhalb von sieben erfolgreichen Nestern eine Überlebensrate von 38–60 % fest. DEPARI (1996) registrierte im nördlichen New Jersey 347 Eier in 58 Nestern. Neben 98 nicht entwickelten Eiern starben während des Winters lediglich 23 Schlüpflinge (6,6 %) in den Nistgruben. In der bereits erwähnten Studie von BREITENBACH et al. betrug die Sterblichkeitsrate bis zu 80 % in schneearmen, frostigen Wintern. Gab es hingegen schneereiche Wintermonate, erhöhte die isolierende Schneedecke die Überlebensrate der im Nest befindlichen Jungtiere ungemein. NAGLE et al. (2000) verglichen die Überlebensraten von *C. picta* in Michigan im schneelosen und kalten Winter 1995/96 mit den drei darauf folgenden Wintern. In der kältesten Jahreszeit 1995 /96 wurden Bodentemperaturen von -7 bis -9 °C gemessen, es gab keine Schneedecke. Die Morta-

Tab. 5: Nachweise über im Nest überwinternde Schlüpflinge von *Chrysemys picta*, ergänzt nach DEPARI (1996)

Bundesstaat/Provinz	Unterart	Quelle
British Columbia	*bellii*	ST. CLAIR & GREGORY (1990)
Conneticut	*picta*	FINNERAN (1948)
Idaho	*bellii*	LINDEMAN (1991)
Illinois	*marginata x bellii*	WILLIAMS (1957)
Illinois	*marginata*	CAGLE (1954)
Indiana	*marginata*	NEWMAN (1906)
Kansas	*bellii*	SMITH (1956)
Kentucky	*marginata*	BARBOUR (1971)
Louisiana	*dorsalis*	CAGLE (1954)
Michigan	*marginata*	SEXTON (1957)
Michigan	*marginata*	HARTWEG (1944, 1946)
Michigan	*marginata*	TINKLE et al. (1981)
Michigan	*marginata*	BREITENBACH et al. (1984)
Michigan	*marginata*	NAGLE et al. (2000)
Minnesota	*bellii*	LEGLER (1954)
Minnesota	*bellii*	WOOLVERTON (1961, 1963)
Minnesota	*bellii*	PACKARD et al. (1999)
Nebraska	*bellii*	PACKARD et al. (1989)
Nebraska	*bellii*	PAUKSTIS et al. (1989)
New Jersey	*picta x marginata*	DEPARI (1996)
New York	*picta*	NICHOLS (1933)
Nova Scotia	*picta*	BLEAKNEY (1963)
Ontario	*marginata*	STOREY et al. (1988)
Quebec	*marginata*	CHRISTENS & BIDER (1987)
Saskatchewan	*bellii*	MACCULLOCH & SECOY (1983)
Tennessee	*dorsalis*	CAGLE (1954)

litätsrate der überwinternden Schlüpflinge lag bei 45 %. Während der drei folgenden Winter (1996/97, 1997/98, 1998/99) lag die Temperatur jeweils bei schneefreien -2 °C, kurzzeitig bei -4 °C. Die Mortalitätsrate lag in jeder der drei Winterperioden bei weniger als 3 %.

Tagesaktivität

Chrysemys picta wird mit Tagesanbruch aktiv und sucht geeignete Sonnenplätze auf, um danach auf Nahrungssuche zu gehen (ERNST et al. 1994). Dann folgt eine weitere Phase des Sonnens zum (Wieder-)Erreichen der Vorzugstemperatur, vom späten Nachmittag bis zum zeitigen Abend wird die Zeit wieder mit der Nahrungssuche verbracht. Als Schlafplätze suchen die Tiere den Gewässerboden oder unter Wasser befindliche Objekte wie beispielsweise Wurzeln auf.

Die einzelnen Abschnitte des Sonnens dauern gewöhnlich über zwei Stunden (ERNST et al. 1994). Dabei können, einen entsprechend langen im Wasser liegenden Baumstamm vorausgesetzt, mehr als 50 Zierschildkröten auf einmal zu sehen sein. Aber nicht nur *C. picta* allein, sondern auch andere Schildkröten können gemeinsam dieselben Sonnenplätze nutzen. Gelegentlich können an diesen Plätzen Aggressionen zwischen den Zierschildkröten beobachtet werden, insbesondere Stoßen und Beißen (MITCHELL 1994, 2001).

Ernährung

Chrysemys picta ist eine allesfressende Schildkröte und ernährt sich sowohl von tierischen als auch pflanzlichen Stoffen, egal ob lebend oder tot (ERNST et al. 1994)(Tabelle 6). Während sich juvenile Zierschildkröten in erster Linie carnivor – also Fleisch fressend – ernähren, steigt bei älteren Tieren der pflanzliche Anteil. ERNST (1971b) untersuchte in Pennsylvania 56 adulte Exemplare und fand nur in 64,3 % der Mägen tierische

Nicht nur *Chrysemys picta picta* nutzt für Sonnenbäder gern aus dem Wasser ragende Baumstämme. Foto: G. George

Tab. 6: Häufigkeit der in den Mägen von 35 *Chrysemys picta marginata* aus Michigan gefundenen Nahrungsbestandteile (nach Rowe & Parsons 2000)

Nahrung	Häufigkeit (%)
Tierisches Material	77,8
Libellen	52,8
Großlibellen	19,4
Kleinlibellen	33,4
Zweiflügler	38,9
Zuckmücken (Larven)	19,4
Nicht bestimmte Adulti	2,8
Nicht bestimmte Larven	2,8
Nicht bestimmte Puppen	13,9
Köcherfliegen	33,4
Nicht bestimmte Insekten	19,4
Wanzen	27,7
Ruderwanzen (adult)	8,3
Rückenschwimmer (adult)	19,4
Käfer	8,3
Schwimmkäfer (Larven)	8,3
Fadenwürmer	16,7
Wasserflöhe	8,3
Krebse	5,6
Wirbeltiere	11,2
Querzahnsalamander (Larven)	5,6
Molche (adult)	2,8
Frosch (Larve)	2,8
Pflanzliches Material	83,3
Nicht bestimmte Pflanzen	52,8
Teichrosen	50,0
Algen	11,1

Nahrung (61,2 % des Magenvolumens), wohingegen in allen Mägen pflanzliche Bestandteile gefunden wurden (38,8 % des Volumens). Rowe & Parsons (2000) führten bei 35 *C. p. marginata* aus Michigan Magenuntersuchungen durch und entdeckten in 77,8 % aller Fälle tierische Bestandteile, in 83,3 % pflanzliche Stoffe. Es gibt von Population zu Population Unterschiede; so stellte beispielsweise Marchand (1942) für *Chrysemys picta* in Tennessee sogar einen Anteil von über 88 % pflanzlicher Nahrung fest. Schulz (2000) wies im Kot einer von ihm in der Umgebung von Toronto (Kanada) gefangenen *C. p. marginata* fast ausschließlich Fadenalgen und Wasserlinsen sowie wenige Chitinreste einer Großlibellenlarve und Flügeldecken einer Wasserwanze (Belostomidae) nach. Als Bestandteile des Nahrungsspektrums wurden bei Zierschildkröten nachgewiesen: Algen aus den Gattungen *Cladophora*, *Cosmarium*, *Lyngbya*, *Nitella*, *Oedogonium*, *Oocystis*, *Oscillatoria*, *Pediastrum*, *Phacus*, *Pithophora*, *Rhizoclonium*, *Spirogyra*, *Ulothrix*, Gefäßpflanzen der Gattungen *Anacharis* (Wasserpest), *Bidens* (Zweizahn), *Ceratophyllum* (Hornblatt), *Lemna* (Wasserlinse), *Myriophyllum* (Tausendblatt), *Najas* (Nixenkraut), *Nuphar* (Teichrose), *Nymphaea* (Seerose), *Polygonum* (Knöterich), *Potamogeton* (Laichkraut), *Sagittaria* (Pfeilkraut), Typha (Rohrkolben), *Vallisneria* (Wasserschraube) und *Zea* (Mais – jedoch die natürliche Ursprungspflanze der bekannten Hybridkulturen), Wirbellose wie Regenwürmer, Egel, Moostierchen, Planarien, Wenigborster (u. a. „Tubifex"), Rädertierchen, Flusskrebse, Flohkrebse, Wasserflöhe, kleine Venusmuscheln, Spinnen, Wassermilben sowie die Larven (weniger die adulten Stadien) von Käfern, Springschwänzen, Moskitos, Wasserläufern, Wanzen, Libellen, Eintags- und Köcherfliegen, Zuckmücken sowie Faltern; an Wirbeltieren werden Fische (höchstwahrscheinlich nur als Aas: Orfen, Barsche [Gattungen *Etheostoma*, *Perca*, *Percina*], Sonnenbarsche [*Micropterus*, *Lepomis*], Stichlinge, Sauger, Crappies, Elritzen [*Pimephales*]) sowie Frösche (Kaulquappen und adulte Raniden) und Salamander (Larven und Adulti) gefressen (Surface 1908; Raney & Lachner 1942; Lagler 1943; Ernst 1969; Ernst & Barbour 1972; MacCulloch & Secoy 1983; Gilhen 1984; Brown 1992; Rowe & Parsons 2000).

C. picta sucht aktiv am Gewässerboden oder zwischen Algen- sowie Pflanzenansammlungen nach Nahrung. Sich bewegende Beute wird dabei eher entdeckt und gepackt als unbewegliche. Auch stoßen die Zierschildkröten mit ihren Köpfen in Algenklumpen oder Pflanzenbüschel, scheuchen so mögliche Beutetiere auf und verfolgen diese, wenn sie flüchten (Sexton 1959; Feder 1983; Rowe & Parsons 2000). Belkin & Gans (1968) beschrieben, wie eine *C. picta* mit geöffnetem Maul an der Wasseroberfläche entlangschwamm und auf diese Weise zahlreiche Kleinsttiere abfischte. Welche Mengen dabei erbeutet werden, zeigen beispielsweise die Beobachtungen von Brown (1992): Der Verdauungstrakt eines adulten Tieres der Nominatform aus North Carolina enthielt schätzungsweise 1.200 Wasserflöhe. Die beobach-

Tab. 7: Mageninhalt von 56 in Pennsylvania gefangenen *Chrysemys picta* (modifiziert nach ERNST 1969)

Nahrungsart	%-Anteil am Magenvolumen	% des Vorkommens
Tiere	61,2	64,3
Planarien	4,1	1,8
Nacktschnecken	4,5	5,0
Gehäuseschnecken	12,1	28,6
Flohkrebse	3,0	7,1
Krebstiere	7,5	7,1
Zweiflügler (Mücken, Fliegen)	6,2	28,6
Libellen	3,0	18,0
Käfer	1,6	18,0
Springschwänze	0,5	3,6
Fische (Sonnenbarsche, Lepomis)	13,0	5,0
Nicht mehr bestimmbar	5,2	8,9
Pflanzen	38,8	100,0
Algen (*Cladophora, Spirogyra*)	14,7	100,0
Gefäßpflanzen	24,1	39,3
Rohrkolben, Samen	10,1	25,0
Rohrkolben, Triebe	12,8	21,4
Wasserlinsen	0,3	5,0
Nicht mehr bestimmbar	0,8	50,0

teten Schildkröten erbeuteten jeden Kleinkrebs einzeln.

Fortpflanzung

Beeindruckend ist bei *Chrysemys picta* das Balzspiel: Erkennt das Männchen eine potenzielle Partnerin, positioniert es sich frontal vor dem Weibchen und streckt die Vorderbeine gerade und weit nach vorn, dabei die Außenseite der vorderen Füße nach innen drehend. Mit den verlängerten Krallen führt es nun zitternde Bewegungen durch und berührt so die Wangen des Weibchens. Befindet sich das Männchen dabei zu weit vor dem angebalzten Tier, können sich die Krallen auch vor dem Kopf gegenseitig berühren. FRITZ (1991) erwähnt im Zusammenhang mit der Balz die Beobachtungen von KREFFT (1950), der im direkten Vergleich der Schmuckschildkröten-Gattungen *Chrysemys*, *Pseudemys* und *Trachemys* die Einschätzung traf, das Werbeverhalten von *Chrysemys picta* und *Trachemys scripta* sei ursprünglicher und stammesgeschichtlich älter als das von *Pseudemys*. Männchen der letztgenannten Gattung schwimmen zur Balz mit den Krallen zitternd parallel über dem Weibchen und nicht frontal vor ihm. ERNST (1971a) erwähnt für *C. picta*, dass das paarungsbereite Weibchen das Krallenzittern des Männchens seinerseits mit Krallenzittern beantwortet. FRITZ (1991) geht auf diese Schilderung ein, konnte allerdings während zweijähriger Beobachtungen an zwei Männchen und einem Weibchen von *C. p. bellii* dieses Verhalten nie beobachten. Auch ich selbst stellte während mehrjähriger Beobachtungen an allen vier Zierschildkröten-Unterarten niemals aktives Balzverhalten der Weibchen fest. KRAMER & FRITZ (1989) halten jedoch fest, dass Schmuckschildkröten-Weibchen in anderen Situationen als im Werbeverhalten gelegentlich der männlichen Balz gleichende Verhaltensweisen zeigen können. Meine eigene einzige Beobachtung dahingehend betraf ein nicht geschlechtsreifes, ca. 5 cm großes Weibchen von *C. p. dorsalis*, das gelegentlich Futterbrocken anbalzte, bevor es sie fraß. MEINHARDT (schriftl. Mittlg.) sah bei seinen jungen Weibchen von *C. p. picta*, wie sie gegeneinander die Vorderbeine ausstreckten und diese vibrieren ließen. Vereinzelt konnte er dies auch bei weiblichen *C. p. dorsalis* beobachten, die dabei mit dem drohenden Aufsperren des Maules, also einem aggressiven Verhalten, reagierten. Zu Beißereien kam es jedoch in der Folge nicht. Paarungen finden normalerweise von März bis Mitte Juni statt (ERNST et al. 1994). ERNST (1971b) beobachtete auch Paarungsaktivitäten im August und September. Bevor es bei Zierschildkröten nach einer Balz zu erfolgreichen Paarungen kommt, muss natürlich zunächst die Geschlechtsreife erreicht werden. Diese ist weniger von einem bestimmten Alter, als vielmehr von der Größe der Schildkröten abhängig (ERNST et al. 1994). Bei Männchen tritt dieser Zeitpunkt mit Plastronlängen von 60–105 mm ein. Dabei sind sie gewöhnlich in ihrem dritten oder vierten Lebensjahr. In manchen nördlichen Populationen ist es erst nach dem fünften, in südlichen Teilen des Verbreitungsgebietes dagegen auch schon im Alter von zwei Jahren so weit (CAGLE 1954; ERNST 1971c; ERNST & ERNST 1973; CALLARD et al. 1976; TUCKER 1978; LICHT et al. 1985; MITCHELL 1985a, 1988; HARLESS & MORLOCK 1989). Weibchen weisen beim Eintritt der Geschlechtsreife Plastronlängen von 97–140 mm auf und haben dann ein Alter von vier bis zehn Jahren (ERNST 1971c; ERNST & ERNST 1973; TUCKER 1978; MITCHELL 1985b, 1988; HARLESS & MORLOCK 1989). Auch hier gibt es wieder ein Nord-Süd-Gefälle: Weibchen in den wärmeren, südlichen Teilen des Verbreitungsgebietes erreichen die genannten Größen früher als die Exemplare im Norden mit seinen längeren Kälteperioden und damit kürzeren Aktivitätszeiten im Jahr. Abweichungen von der Regel beschrieben beispielsweise ERNST & MCDONALD (1989), die Populationen in mit Nährstoffen überaus reichen Abwasserteichen in Maryland untersuchten. Die dort lebenden Zierschildkröten fanden über einen längeren Zeitraum im Jahr mehr Nahrung als üblich vor. Unter diesen vergünstigten Bedingungen erreichten die Männchen die Geschlechtsreife in zwei Jahren – gewöhnlich benötigen sie dafür in dieser Region vier Jahre.

Die Spermienproduktion (Spermatogenese) bei den männlichen Zierschildkröten beginnt zwar bereits im März eines jeden Jahres, erreicht aber ihren Höhepunkt im Juli und August. Im September wird dann das produzierte Sperma in den Nebenhoden gespeichert (ERNST 1971c; ERNST et al. 1994; MITCHELL 1985a, 1988), ehe es später zur Paarung – auch nach der folgenden Winterruhe – Verwendung findet.

Schlüpfling von *Chrysemys picta marginata*
Foto: J. H. Harding

Der Eizyklus bei den Weibchen beginnt mit der Vitellogenese (das bedeutet: in der Leber erfolgt die Synthese von Lipoproteinen [chemische Verbindung aus Proteinen und Lipiden; Lipide sind eine Klasse wasserunlöslicher Verbindungen, zu der u. a. auch Fette und Steroide gehören] und deren Einlagerung in die Follikel als Dotter [HERTWIG 2001]) im Juli oder August (ERNST et al. 1994). Die Eier reifen bis zum Herbst heran, die Entwicklung wird dann aber wegen des Einstellens der Nahrungsaufnahme und der darauf folgenden Winterruhe gestoppt, um erst im kommenden Frühjahr weitergeführt zu werden (ERNST 1971c; CALLARD et al. 1978; CONGDON & TINKLE 1982; MITCHELL 1985b, 1988). Nachdem also die Follikel im Frühjahr, nach dem Ende der winterlichen Ruheperiode, einen weiteren Wachstumsschub erfahren, folgt im Mai der Eisprung (Ovulation). Befristet bis zum Aufbau der Eischale kann es zur Befruchtung kommen (HERTWIG 2001). In diesem sehr engen Zeitfenster finden nun nicht immer Paarungen statt, bei denen die Spermien direkt eine Befruchtung bewirken können. Hier kommt den Schildkrötenweibchen die Möglichkeit zur Speicherung aktiver Spermien in den Ovidukten zugute. Diese Spermienbevorratung ermöglicht einerseits eine vom Zeitpunkt der Ovulation unabhängige Paarung, andererseits auch die Befruchtung mehrerer Gelege in wenigstens einer Fortpflanzungsperiode nach einer einzigen erfolgreichen Kopulation (KUCHLING 1999; HERTWIG 2001). Das ist nicht nur ein fortpflanzungsbiologisch interessanter Vorgang, sondern auch bedeutsam für die mögliche Besiedlung neuer Lebensräume durch einzelne oder

Nachweise für im Nest überwinternde Schlüpflinge von *C. p. bellii* gibt es aus Idaho, Kansas, Minnesota, Nebraska und den kanadischen Provinzen Saskatchewan und British Columbia.
Foto: A.S. Hennig

Habitat von *Chrysemys picta picta*, Jeremys Bay Kejimkujik National Park, Nova Scotia/Kanada; Uferbereiche an dieser Fundstelle werden als Eiablageplatz genutzt. Foto: A. Gräf

wenige Weibchen und deren Nachkommen. GIST et al. (1990) schlussfolgern, dass die Herbstpaarungen der Zierschildkröten verantwortlich für die Befruchtung der im folgenden Frühjahr gelegten Eier sind. Sie stellten im Oktober die größten Spermienmengen in den Ovidukten der Weibchen fest. GIST & JONES (1989) geben an, dass lebensfähige Spermien dort bis zu 165 Tage gespeichert werden können. Offensichtlich speichern die Weibchen gleichzeitig Spermien verschiedener Männchen: PEARSE et al. (2001) untersuchten 1.272 Zierschildkröten-Schlüpflinge, die sie 227 Nestern einer Population am Missisippi entnahmen. Die Autoren dokumentierten, dass wahrscheinlich mehr als 30% der Gelege auf jeweils verschiedene Väter zurückzuführen sind und die Befruchtung der Eier durch mehrere Männchen positiv mit der Gelegegröße korreliert.

Zur Eiablage suchen die Weibchen geeignete Nistplätze. Dies geschieht vom späten Mai bis Mitte Juli, am häufigsten im Juni und zeitigen Juli (ERNST et al. 1994). GILHEN (1984) nennt für Nova Scotia (Kanada) ebenfalls den Zeitraum „früher Juni bis früher Juli" und fotografierte am 6. Juni 1979 eine *C. p. picta* bei der Eiablage. PACKARD & PACKARD (1993) sammelten in Nebraska im Juni frisch gelegte Eier von *C. p. bellii*. WALZ (schriftl. Mittlg.) fing in der ersten Juni-Woche des Jahres 2000 im kanadischen Süd-Ontario mehrere trächtige Weibchen von *C. p. marginata*. Pro Brutsaison setzt das Weibchen nach MOLL (1973), TUCKER (1978) sowie SNOW (1980) meist zwei Gelege ab, möglich sind auch drei bis fünf. STEBBINS (1985) gibt ein bis zwei Gelege pro Saison für die nördlichen Populationen und zwei bis vier für die südlichen an. Insgesamt dürften aber vier oder gar fünf Gelege pro Saison nicht häufig und keinesfalls die Regel sein. In Michigan schaffen mindestens 33 % der Weibchen zwei Ablagen, wenige Tiere in New Mexico sogar drei Gelege in einer Saison (CHRISTIANSEN & MOLL 1973; SNOW 1980). NUSSBAUM et al. (1983) berichten, dass Weibchen von *C. p. bellii* im äußeren Nordwesten des Verbreitungsgebietes lediglich ein Gelege pro Jahr produzieren. Dazu kommt, dass möglicherweise 30–50 % der Weibchen nicht jedes Jahr Eier legen (ERNST et al. 1994).

Die Eiablage findet gewöhnlich am späten Nachmittag oder in den zeitigen Abendstunden statt (BARBOUR 1971; CONGDON & GATTEN 1989; ERNST et al. 1994; OBST 1995). Ist es am Tag recht warm, baut die Schildkröte das Nest eher am Abend (CHRISTENS & BIDER 1987). Dabei hebt sie im offenen Gelände mit den Hinterfüßen eine flaschenhalsförmige Grube aus. Ist der Boden trocken und damit zu fest, entleert das Weibchen seine Blase und befeuchtet so das Substrat (BARBOUR 1971; ERNST et al. 1994; OBST 1995).

Nicht immer ist das Bodensubstrat wie im Idealfall lehmig oder sandig. GRÄF (schriftl. Mittlg.) stellte fest, dass die Oberflächenstruktur der von ihm untersuchten Eiablageplätze von *C. p. picta* am Mersey River (Kejimkujik National Park, Nova Scotia/Kanada) grob ist und die Ufer recht steinig

Chrysemys picta marginata
Foto: M. Schmidt

sind. Gilhen (1984) nennt verschiedene offene Strukturbereiche, die von den Weibchen der Nominatform zum Bau von Nistgruben genutzt werden: Sand- und Kiesstrände, Straßenböschungen sowie Äcker. Schwarzkopf & Brooks (1987) beobachteten Zierschildkröten beim Anlegen der Nistgruben an warmen, sandigen oder sandig-kiesigen, offenen Stellen. Gewöhnlich waren diese an südlichen Hängen platziert und kaum durch Vegetation beschattet. Das Anlegen der Nistgrube, der Legevorgang selbst und das Zuschütten der Grube dauern über vier Stunden (Christens & Bider 1987). Barbour (1971) sowie Obst (1995) beschreiben, wie die Weibchen sich mit schiebenden Vor- und Rückwärtsbewegungen über der zugeschütteten Höhle darum bemühen, die Stelle zu ebnen und damit unkenntlich zu machen. Dabei wirkt der Bauchpanzer wie eine Planierraupe. Dennoch werden zahlreiche Nester von Fressfeinden entdeckt und geplündert. Das Erreichen der Ablageplätze, die gewöhnlich etwa 150–200, aber auch schon mal bis zu 600 m vom Wohngewässer entfernt zu finden sind (Gregory & Campbell 1984; Lindeman 1992), bedeutet für zahlreiche Wasserschildkrötenweibchen eine große Gefahr, müssen sie dazu doch beispielsweise häufig Straßen überwinden. Überfahrene Schildkröten sind daher keine Seltenheit.

Die länglichen, weißen bis cremefarbenen Zierschildkröteneier sind weichschalig und 27,9–35,1 mm lang sowie 15,9–22,6 mm breit (Ernst et al. 1994). Die Anzahl der Eier pro Gelege variiert von Unterart zu Unterart: *C. p. picta* und *C. p. marginata* legen 2–14 Eier, die kleinere *C. p. dorsalis* bringt nur 1–7 hervor (Ernst et al. 1994). Die größte Unterart, *C. p. bellii*, kann hingegen bis zu 23 Eier pro Gelege vergraben (MacCulloch & Secoy 1983).

Die erfolgreiche Entwicklung der Eier und das Schlüpfen der Jungtiere sind wesentlich von klimatischen Bedingungen abhängig, ebenso die Entwicklungs- bzw. Brutdauer. Klima und Substratfeuchte entscheiden neben der Gefährdung durch Fressfeinde über den Bruterfolg.

Die Bruttemperatur hat bei *C. picta* Einfluss auf die Geschlechtsfestlegung der Embryos; sie besitzen keine Geschlechtschromosomen. In der Natur wird es wegen der Temperaturschwankungen zu unterschiedlichsten Ergebnissen kommen, daher wurden die meisten Erkenntnisse zur Geschlechterfixierung unter Laborbedingungen bzw. überhaupt in Menschenobhut gewonnen. Rudloff (1990) nennt als Scheitelpunkt, also die Grenze, bei der die männlichen und weiblichen Erbträger in den befruchteten Eizellen wirksam bzw. unwirksam werden, etwa 27,5 °C. Nach Ewert & Nelson (1991) sowie anderen Autoren (Gutzke & Paukstis 1984; Schwarzkopf & Brooks 1985) entstehen bei 22–27 °C sowie konstant 27 °C nur Männchen, bei 30–32 °C ausschließlich weibliche Schlüpflinge. Individuen beiderlei Geschlechts traten auf, wenn die Eier bei 20 und 28 °C inkubiert wurden; die Schwellentemperaturen, bei denen sich 50 % zu Männchen entwickelten, waren 20 und 27,5 °C (Schwarzkopf & Brooks 1985). Nach Obst (1995) ergaben Inkubationstemperaturen von 25 °C männliche Jungtiere, während 31 °C Weibchen hervorbrachten; ausschlaggebend für die von der Temperatur abhängige Geschlechterfixierung soll das mittlere Drittel der Gesamtinkubationszeit sein. Interessant ist neben der Scheitelpunkttemperatur von 27,5 °C der zweite, niedrigere Schwellenwert: Ist es doch möglich, dass Weibchen aus einigen nördlichen Populationen selten Nistplätze finden, deren Bodentemperaturen über einen längeren Zeitraum 28 °C übersteigen. So sichern zwei Temperaturschwellen die Entstehung von sowohl männlichen als auch weiblichen Jungtieren (Ernst et al. 1994) und damit die weitere Reproduktionsmöglichkeit. Um dem nachzugehen, inkubierten Gutzke & Paukstis (1984) 40 Eier von Zierschildkrötenweibchen aus Nebraska bei 22 °C: Von den erbrüteten 18 Schlüpflingen waren sechs männlich und elf weiblich (bei einem weiteren Tier konnte das Geschlecht nicht festgestellt werden).

Die Inkubationsdauer richtet sich ebenfalls nach der Bruttemperatur. So benötigen die Schildkröteneier bei hohen Wärmegraden weniger Zeit zur Schlupfreife als bei niedrigeren. Obst (1995) gibt für *C. picta* 62 Tage bei einer Temperatur von 25–30 °C an und 48–56 Tage bei 29,5–30 °C. Das deckt sich mit meinen Beobachtungen aus der Terrarienhaltung und auch den Angaben von Rudloff (1990), der 26 °C und 58–61 Tage bzw. 28 °C und 52–58 Tage nennt.

Lebensdauer

1965 von Ernst in einem Sumpf in Pennsylvania markierte fünf- bis achtjährige *C. picta* lebten noch 1988 und waren damit 28–31 Jahre alt (Ernst et al. 1994). Frazer et al. (1991) berichteten von 31- bis 34jährigen Exemplaren, und Wilbur (1975) schätzte, dass einige Zierschildkröten in Michigan 40 Jahre lebten.

Natürliche Feinde und Parasiten

Hauptfeind ist der Waschbär (Ross 1988); zu seinem Beutespektrum gehören Zierschildkröten aller Altersstufen (einschl. Eier). Die Nester werden auch von Erdhörnchen, Murmeltieren, Backenhörnchen, Grauhörnchen, Skunks, Dachsen, Füchsen, Fischkrähen und Strumpfbandnattern geplündert (Ernst et al. 1994). Interessant ist dabei die Beobachtung von Snow (1982), dass neue Nester gewöhnlich häufiger als ältere geplündert werden. Juvenile Zierschildkröten werden von Reis- und Bisamratten, Minks, Schnappschildkröten, verschiedenen Schlangenarten (z. B. Strumpfbandnattern [*Thamnophis* ssp.]), Ochsenfröschen, großen Fischen, Reihern, Krähen, Watvögeln und Enten gefressen (Ernst & Ernst 1973; Ernst et al. 1994); Gotte (1992) nennt zudem noch Wanzen. Adulte Zierschildkröten gehören zur natürlichen Beute von Alligatoren, See- und Fischadlern sowie Rotschulterbussarden (Ernst et al. 1994). Ernst & Ernst (1973) erwähnen zudem, dass adulte Exemplare gelegentlich auch von Haushunden und -katzen getötet werden.

Welche Parasiten in und an *C. picta* nachgewiesen wurden, listet Ernst (1970b) auf. Es handelt sich um Arten aus den Reihen der Endoparasiten (Innenparasiten) – Amöben, Sporozoen, Flagellaten, Saug-, Band-, Faden- und Kratzwürmer – sowie Ektoparasiten (Außenparasiten): Egel, Milben, Fleischfliegen und Moskitos.

Ernst & Ernst (1972) stellten Grünalgen (*Basicladia* sp.) auf den Panzern von Zierschildkröten fest – eine weitere, diesmal allerdings nicht parasitische Lebensgemeinschaft.

Handel

Telecky (2001) führt in ihrer Arbeit über den Im- und Export von Schildkröten aus den bzw. in die USA konkrete Zahlen für den Zeitraum von 1989–1997 an (siehe Tabelle 8). Nach ihren Angaben exportierten die USA beispielsweise 1997 rund 9,3 Mio Reptilien, davon allein über 8,9 Millionen Schildkröten; von diesen wiederum war die Rotwangen-Schmuckschildkröte (*Trachemys scripta elegans*) die bei weitem häufigste Art (8,7 Mio Exemplare).

Erstaunlicherweise gehören Zierschildkröten neben den ebenfalls nordamerikanischen *Trachemys scripta elegans* und *Graptemys* spp. zu den häufig eingeführten Tieren der USA. Die Ursache liegt darin, dass belieferte Staaten oft die Einfuhr der Tiere ablehnen und diese an das ausführende Land, also die USA, zurückschicken. So wurden beispielsweise in den Jahren 1992 und 1997 jeweils 12.659 bzw. 3.041 *Chrysemys* ssp. von den Vereinigten Staaten re-importiert.

Deutschland importiert für den breiten Bedarf des Heimtiermarktes Zierschildkröten. 1996 waren gleich zwei Unterarten von *Chrysemys picta* in den „Top 10“ der Reptilienarten mit den höchsten Einfuhrzahlen (Steinmetz et al. 1998). Nach Rotkehl- (*Anolis carolinensis*, 16.401 Individuen) und Bahamaanolis (*Anolis sagrei*, 10.417), Hausgecko (*Hemidactylus frenatus*, 10.250), Mississippi-Höckerschildkröte (*Graptemys pseudogeographica kohnii*,

Solche Winzlinge werden schnell zur Beute von größeren Tieren. Foto: A.S. Hennig

Tab. 8: Export von Zierschildkröten aus den USA, im Vergleich mit zu diesem Zeitpunkt anderen häufig im deutschen Zoohandel angetroffenen Arten (Angaben in Stück, nach TELECKY 2001)

Bezeichnung	1989	1990	1991	1992	1993	1994	1995	1996	1997
Chrysemys sp. Zierschildkröten	480	7.381	16.376	61.986	78.787	73.076	158.684	86.528	30.682
Graptemys kohnii (Mississippi-Höckerschildkröte)	–	–	–	–	–	–	14.192	19.687	27.153
Pseudemys concinna Hieroglyphen-Schmuckschildkröte	–	–	–	–	–	–	6.110	19.289	25.023
Pseudemys nelsoni Florida-Rotbauchschildkröte	–	–	–	–	–	–	16.648	17.111	12.215
Chelydra serpentina Schnappschildkröte	–	23	660	5.149	9.254	18.422	31.563	18.668	17.730

7.540) und Grünem Leguan (*Iguana iguana*, 6.268) folgte schon die Westliche Zierschildkröte (*Chrysemys picta bellii*, 6.101), nach Florida-Rotbauchschmuckschildkröte (*Pseudemys nelsoni*, 5.235) und Langschwanz-Eidechse (*Takydromus sexlineatus*, 3.861) kommt auf Platz 9 die Südliche Zierschildkröte (*Chrysemys picta* dorsalis, 2.923). Auf dem 14. Rang folgt noch einmal *Chrysemys picta* ohne Angabe der Unterart mit 1.912 importierten Exemplaren. Insgesamt gesehen ein gewaltiges Potenzial, um mit richtig gehaltenen Reptilien die regelmäßige Nachzucht in Deutschland zu intensivieren!

Ein fataler Nebeneffekt des Heimtierhandels mit Zierschildkröten innerhalb der USA ist das Aussetzen von nicht mehr gewollten Tieren. Denn nicht selten werden standortfremde Unterarten in Gebieten (vor allem in Ballungsräumen) ausgesetzt, in denen sie ursprünglich nicht vorkommen. Dort können sie sich mit den eigentlich dort lebenden Unterarten vermischen. Daher gibt es beispielsweise auf die Heimtierhaltung zurückzuführende Funde von *C. p. bellii* im Bundesstaat New York, dem natürlichen Verbreitungsgebiet von *C. p. picta* und *C. p. marginata* (BREISCH, schriftl. Mittlg.).

In Deutschland gibt es leider auch immer wieder Tierhalter, die ihre überdrüssig gewordenen Schildkröten aussetzen. Abgesehen davon, das das Aussetzen nicht einheimischer Tiere gesetzeswidrig und damit strafbar ist, führt dies zu einer Faunenverfälschung. Die ausgesetzten Wasserschildkröten ernähren sich, solange sie im nicht geeigneten Klima überleben, auch von bedrohten Amphibien, Wirbellosen und Pflanzen.

Gefährdung

In den kanadischen Provinzen Alberta und British Columbia werden Zierschildkröten als gefährdet betrachtet: Hier ist *C. p. bellii* gelistet (Yellow List B bzw. Blue List; DEPARTMENT OF BIOLOGICAL SCIENCE in Alberta, GREGORY & CAMPBELL 1984). Insgesamt betrachtet ist *C. picta* jedoch nicht so stark gefähret, dass sie gegenwärtig unter Schutz stünde. Dennoch werden ihre und die Bestände anderer nordamerikanischer Wasserschildkröten in den natürlichen Verbreitungsgebieten durch menschliche Aktivitäten negativ beeinflusst. Die einschneidendste Erscheinung ist die Habitatzerstörung (ERNST et al. 1994): Feuchtgebiete (einschließlich Sümpfe, Teiche und andere Gewässer) werden entwässert (GREGORY & CAMPBELL 1984; MITCHELL 1994; 2001), Flüsse und Ströme baulich verändert (z. B. durch Ausbaggern des Flussbodens) bzw. kanalisiert (MITCHELL 1994, 2001). Straßen- und Siedlungsbau zerstören die Existenzvoraussetzungen der Tiere (OBST 1995). In den letzten 200 Jahren wurden mehr als 53 % der Feuchtgebiete auf dem Territorium der Vereinigten Staaten beseitigt (MEFFE & CARROLL 1994), und die Habitate in den Feuchtgebieten werden weiter zerstört, verändert oder verbleiben als isolierte Landschaftsfragmente (TINER 1987). Obgleich Zierschildkröten in stark verschmutzten Gewässern ihre Populationen aufrechterhalten können (GIBBONS 1967; DEGENHARDT & CHRISTIANSEN 1974), wirkt sich die Anwendung von Pestiziden und Insektiziden negativ aus (PUNZO et al. 1979; HALL 1980; MITCHELL 1994, 2001). Ein weiteres Problem sind beweidete Feuchtgebiete (GREGORY & CAMPBELL 1984); hier schaden nicht nur das Abweiden und Zerstören des Lebensraumes, sondern auch das Töten durch Viehtritt. Wie schon erwähnt werden trächtige Weibchen, die bei der Suche nach einem geeigneten Eiablageplatz Straßen überqueren, regelmäßig von Autos überfahren (GREGORY & CAMPBELL 1984; ERNST et al. 1994). MITCHELL (1994, 2001) sowie WILSON (1995) nennen außerdem Rasenmäher als weitere Gefahrenquelle, wenn diese auf Golfplätzen über Weibchen fahren, die auf der Suche nach einem Nistplatz sind oder von diesem wieder zurückkehren. Die gleichen Autoren führen auch zwei Formen illegaler Aktivitäten an: Das Aufstellen von Fischreusen in tiefem Wasser – hier ertrinken in die Fallen geratene Wasserschildkröten – und das „Sport"-Schießen auf sich sonnende Wasserschildkröten. Von zahlreichen Berufs- und Sportfischern in den USA und Kanada wird *C. picta* als Konkurrent empfunden und getötet (OBST 1995; ANTENBRINK-VETTER & VETTER 1997). Die gleichen Autoren erwähnen auch die Verwendung von Zierschildkröten als Versuchstiere.

Während Schildkröten in Religion und Mythologie der nordamerikanischen Indianer eine große Rolle spielen (OBST 1995) und neben den Schildkröten selbst insbesondere die Eier auf dem Speisezettel vieler Stämme stehen (in der Vergangenheit mehr als heute), wurde diese Tradition von den europäischen Siedlern aufgegriffen (GUNTERMANN 1999). MCCAULEY (1945, zit. in ANTENBRINK-VETTER & VETTER 1997) spricht vom schmackhaften Fleisch der von Zeit zu Zeit angebotenen Zierschildkröten, doch werden sie von den meisten Menschen als zu klein erachtet. In aktueller Literatur wird eine Gefährdung von *C. picta* durch Verzehr nicht erwähnt.

Haltung und kontinuierliche Zucht von Zierschildkröten in Menschenobhut: Ein zweckmäßiges Mittel zur Umweltsensibilisierung. Foto: A. S. Hennig

Schutz

Priorität muss der Biotopschutz haben, der natürlich nicht nur den Zierschildkröten, sondern allen betroffenen Tier- und Pflanzengesellschaften zugute kommt. Es ist auch kein spezifisches Problem von *C. picta*, in der heutigen Zeit überleben zu können. Eine grundlegende positive Einstellung gegenüber der Umwelt ist notwendig. Dabei wiederum sind Haltung und Vermehrung von Reptilien wie Zierschildkröten in Liebhaberhand hilfreich. Es ist natürlich in den Augen mancher Tierschützer ein zweischneidiges Schwert, Natur- und Artenschutz zu propagieren und gleichzeitig mit Wildfängen in Menschenobhut zu arbeiten. Jedoch überwiegt bei objektiver Betrachtung der Sinn der Wildtierhaltung – vorausgesetzt, sie erfolgt fachkundig und nach den neuesten Erkenntnissen. Die heutige Situation sieht so aus, dass Jahr für Jahr Tausende so genannter Farmzuchten im Heimtiermarkt verbraucht werden, wenn unvorbereitete Anfänger die preiswerten Schildkröten kaufen und im schlimmsten Falle zu Tode pflegen. Sinnvoll ist es, eine breite Basis an Zuchtgruppen in Liebhaberhand zu erhalten (HENNIG 2001), um bei gleichzeitiger Aufklärung und Information von potenziellen Interessenten (Privatpersonen und Händler) diesen das Gespür für eine artgerechte Haltung zu vermitteln. Dann wird es sicherlich auch mehr Menschen geben, die mit gesundem Sachverstand den Problemen der Habitatzerstörung und Artengefährdung aktiv gegenüberstehen.

Haltung und Zucht

Haltungsrichtlinien

Seit einiger Zeit gibt es für die Haltung von Land- und Wasserschildkröten das vom damaligen BUNDESMINISTERIUM FÜR ERNÄHRUNG, LANDWIRTSCHAFT UND FORSTEN herausgegebene Gutachten zu den Mindestanforderungen an die Haltung von Reptilien (1997). Die Vorschriften in diesem Werk sind nicht rechtsverbindlich, könnten aber von Behörden als Arbeits- und Beurteilungsgrundlage herangezogen werden (WERNING 2001).

Für die Haltung von Zierschildkröten ergibt sich nach Betrachtung der genannten Mindestanforderungen: „*Chrysemys picta* ist nur für Spezialisten geeignet." Das ist jedoch nicht unbedingt zutreffend, da sie unter Berücksichtigung des entsprechenden Aufwandes auch von Anfängern richtig gehalten werden kann. Sie zählt laut Gutachten zu einer Gruppe, deren Spezies sich durch folgende Merkmale auszeichnen „kleine bis mittelgroße (…) aquatile Arten, die regelmäßig den Landteil zum Sonnen und Abtrocknen aufsuchen; mit wenigen Ausnahmen lassen sich die Arten vergesellschaften; die Männchen einzelner Arten sind untereinander unverträglich und attackieren auch andere Arten, was dann eine Einzelhaltung erforderlich machen kann; eine Freilandhaltung im Sommer ist bei einigen Arten möglich". Der Aspekt „Vergesellschaftung", wird im nachfolgenden Kapitel genau erläutert. Als Strahlungswärme werden „ca. 30 °C" vorgegeben; in der Legende wird noch einmal Bezug auf eine „lokale Strahlungswärme" genommen, ohne dabei allerdings genaue Werte zu nennen (die deutlich höher liegen sollten). Die Ernährung erfolge „vorwiegend animalisch", was allerdings altersabhängig ist. Nicht ohne Weiteres hinzunehmen ist auch die als soziale Zusammensetzung genannte „Gruppe"; diese Angabe erfolgt zwar mit dem Hinweis: „Gegebenenfalls muss die Verträglichkeit unter Aufsicht getestet werden", doch muss man hier, wie später noch beschrieben, differenzieren. Als Grundfläche des Terrariums werden im Gutachten als Minimum für zwei Schildkröten die fünffache Panzerlänge sowie die Hälfte des errechneten Wertes als Breite vorgegeben. Erreicht beispielsweise eine *C. p. bellii* maximal 25 cm Panzerlänge, ergibt sich aus der vorgenannten Berechnung eine Terrarienlänge von 5 x 25 cm = 125 cm bei einer Breite von 62,5 cm. Für die im selben Becken zu pflegende dritte und vierte Schildkröte sind mindestens 10 %, ab dem fünften Tier 20 % mehr Grundfläche hinzuzurechnen. Ist das Wasserbecken mit einem Landteil ausgestattet, wird dessen Fläche zur Grundfläche addiert. Für den Wasserstand schreibt das Gutachten mindestens die zweifache Panzerbreite vor, beim aktuellen Beispiel wären das 25 cm. In meinen Augen sind das für die

Geräumige, über das vorgegebene Minimum der Haltungsrichtlinien ragende Aquaterrarien bereichern durchaus die Wohnzimmereinrichtung. Foto: A. Glaser

schwimmfreudigen und aktiven Zierschildkröten wirklich nur minimale Anforderungen. Die Überwinterung weist die in den Haltungsrichtlinien aufgeführte Übersichtstabelle, ohne auf die Unterarten und ihre Verbreitung einzugehen, als „empfehlenswert" aus; auch hier muss je nach Unterart entschieden werden. Nun soll das Gutachten trotz einiger schwammiger Angaben in Bezug auf die Zierschildkröten nicht grundsätzlich negativ bewertet werden. Vielmehr sollte sein Inhalt Anfängern einen ersten Eindruck vermitteln und gleichzeitig als notwendige Richtschnur angesehen werden. Auf keinen Fall werden unsere Pfleglinge etwas dagegen haben, wenn die geforderten Haltungsvoraussetzungen übertroffen werden!

Vergesellschaftung und Aggressionsverhalten

Gerade Anfänger sind begeistert, wenn Wasserschildkröten angeblich „spielen und sich jagen", „am Schlafplatz kuscheln" oder sie entdecken, dass „die Größere von beiden das Weibchen ist und die süße Kleinere das Männchen"... Ist das wirklich so? Oder werden menschliche Verhaltenseigenschaften, Wünsche, Vorstellungen auf die Tiere projiziert? Pflegt man mehrere Wasserschildkröten gemeinsam in einem Becken, reagieren sie aufeinander, sie konkurrieren um Nahrung, beanspruchen jede für sich den besten Sonnenplatz oder vertreiben lästige Artgenossen. Nur spielen sich die genannten Verhaltensweisen in einem räumlich begrenzten Umfeld ab, dem zur Verfügung gestellten Aquaterrarium. Unterdrückte Tiere können nicht fliehen, nicht wie in der Natur dem Blick- und Geruchsfeld der anderen Schildkröte entweichen. Weibchen werden ständig von anwesenden Männchen angebalzt, das Paarungsspiel schlägt um in Aggression, Stresssituationen werden ausgelöst und wirken sich nachteilig auf den Gesundheitszustand der betroffenen Tiere aus. Das von manchen Pflegern beobachtete „Spielen" ist das Verfolgen einer Schildkröte durch einen dominanten Artgenossen oder ein paarungwilliges Männchen. Suchen mehrere Exemplare einen gemeinsamen Platz auf, zeugt dies von positiven Eigenschaften dieses Ortes (Sonnenplatz, Schutz, Möglichkeit zum Atmen an der Wasseroberfläche, Nahrungsangebot) und hat nichts mit einem „Kuschel-Wunsch" zu tun. Wächst ein Tier schneller als andere, ist nicht gleich eine logische Schlussfolgerung auf deren Geschlechter möglich; vielmehr wird ein dominanter Pflegling mehr fressen, den besseren Sonnenplatz ergattern, stressfreier leben und die dadurch gewonnene Energie in Wachstum umsetzen. Mit der Falschinterpretation von tierischen Verhaltensweisen können Anfänger ganz schnell zunächst unbemerkte, oft gefährliche Haltungsfehler herbeiführen. Daher ist beispielsweise die Vergesellschaftung ein sehr sensibler Punkt in der Schildkrötenhaltung: Weibliche adulte Zierschildkröten werden sich untereinander besser

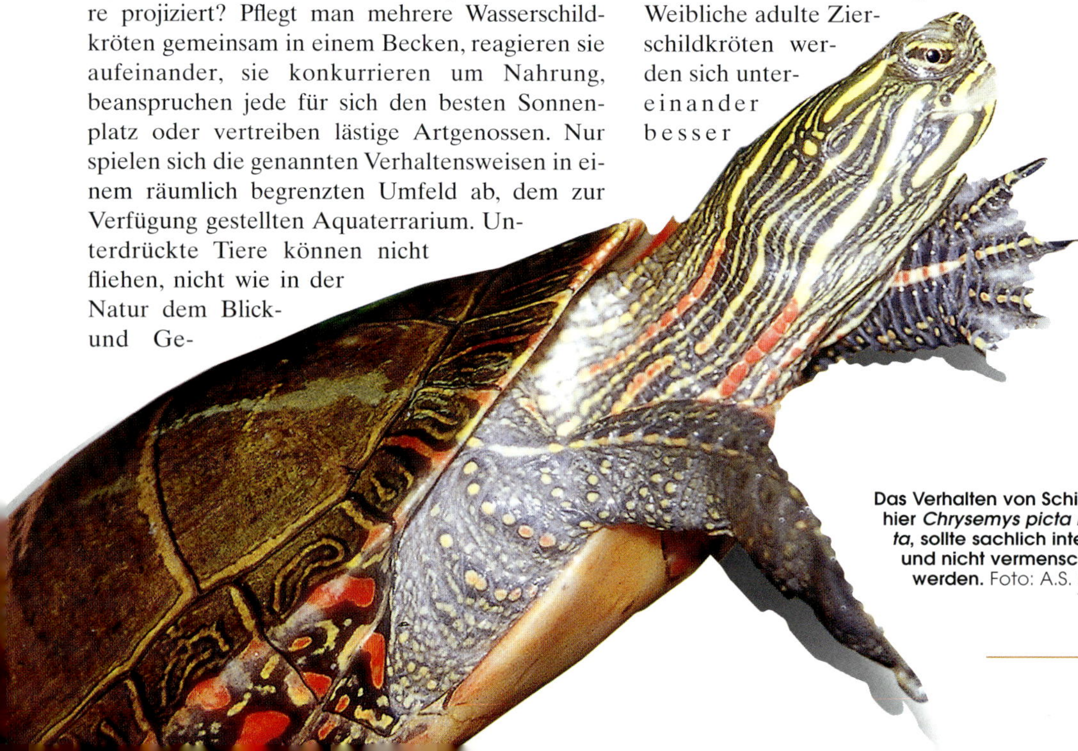

Das Verhalten von Schildkröten, hier *Chrysemys picta marginata*, sollte sachlich interpretiert und nicht vermenschlicht werden. Foto: A.S. Hennig

akzeptieren als Männchen oder aus beiden Geschlechtern bestehende Gruppen. Männliche *C. picta* können die anderen Bewohner mit ihren ständigen Balzversuchen unter Stress setzen. Auch untereinander werden sie sich mangels Partnerin immer wieder gegenseitig anbalzen. Zudem besteht bei einer Vergesellschaftung mit männlichen Wasserschildkröten die Gefahr, dass diese beim Ausstülpen ihres Penis von neugierigen oder auch Nahrung suchenden Mitbewohnern regelrecht kastriert werden können. Im glimpflichen Fall schwillt die gebissene Stelle an und kann nicht mehr eingezogen werden (In einer solchen Situation ist das Opfer sofort zu separieren und einem reptilienkundigen Tierarzt vorzustellen.).

Aggressionen untereinander gehen fast immer von den Männchen aus. MEINHARDT (schriftl. Mittlg.) vergesellschaftete einmal zwei seiner Männchen von *C. p. picta* in einem ihnen unbekannten Behälter – es dauerte keine fünf Minuten, und die beiden verbissen sich ineinander. Bei HELM (schriftl. Mittlg.) kam es zu Auseinandersetzungen zwischen zwei Männchen von *C. p. dorsalis*: Das Kleinere der beiden (71 mm CL [Carapaxlänge], 61 g) verfolgte den Geschlechtsgenossen (83 mm, 88 g) und biss diesen mit negativen Folgen ständig in den hinteren Panzerrand. Ähnliche Reaktionen konnte ich auch schon mehrfach bei meinen männlichen Zierschildkröten aller vier Unterarten beobachten. Auch gegenüber dem weiblichen Geschlecht kann es zu regelrechten Beißattacken kommen. Die Weibchen werden massiv in die Beine oder bevorzugt in die Halsregion gebissen, auch und gerade im Vorfeld einer Paarung. Denn nicht jedes Männchen möchte die Kopulation mit dem anmutigen Balzspiel einleiten. Wegen dieses aggressiven Verhaltens sind neben dem Stress schlecht heilende Bissverletzungen möglich. Gegenüber anderen Arten können Männchen ebenfalls durch ausdauernden Paarungstrieb und Aggressionen auffallen. So stresste bei mir ein eben geschlechtsreif gewordenes Männchen von *C. p. picta* die vorübergehend mit ihm vergesellschafteten, etwa gleich großen Schmuckschildkröten; Unruhe und Bissverletzungen waren die Folge. Wie schon im ersten Teil des Buches erwähnt, kommt es selbst auf den Sonnenplätzen – wie aus dem Wasser ragenden Baumstämmen etc. – zu Drängeln, Schubsen und drohendem Maulaufreißen, unabhängig vom Geschlecht. Fazit: Die Bildung einer kleinen Weibchengruppe in einem großen Aquaterrarium ist unter ständiger Beobachtung und richtiger Interpretation des Verhaltens möglich. Adulte Männchen sollten außerhalb der Paarungszeiten grundsätzlich einzeln gehalten werden, Männchengruppen sind nicht immer zu realisieren.

Aquaterrarium

Wie groß sollte ein Aquaterrarium für Zierschildkröten nun sein, welche Eigenschaften sollte es besitzen? Am ehesten eignet sich natürlich ein handelsübliches oder gar bei entsprechend handwerklichem Geschick selbst geklebtes Glasaquarium, das mit seinen Abmessungen den Schildkröten größtmöglichen Bewegungsraum gewähren sollte. Ich halte, unabhängig von der gepflegten Unterart, Becken mit einer Mindestgröße von 150 x 50 x 50 cm (Länge x Breite x Höhe) für geeignet. Darin werden drei bis vier adulte Weibchen gehalten; die kleineren Männchen werden außerhalb der Paarungszeit ohnehin separiert in anderen Aquaterrarien gepflegt. Solch ein Männchenbecken sollte mindestens 75 x 40 cm Grundfläche für ein Exemplar aufweisen. Das Aquarium wird auf einem fest stehenden Unterbau (Schrank, Tisch, Regalkonstruktion) platziert. Dabei darf auf keinen Fall eine ausgleichende Unterlage unter dem Glasboden des Beckens fehlen: Verzichtet man auf eine Styropor- oder im Aquarienfachhandel erhältliche Polysoftmatte (HENNIG 2002a), kann es auf einer harten Unterlage zu Spannungen im Aquarienboden kommen, und der Beckeninhalt ergießt sich mehr oder weniger schnell in den Wohnraum oder gar in die darunter liegende Etage des Hauses. Der Unterbau ist unbedingt sehr stabil auszuführen, da sich bei einem mit Wasser und Einrichtungsgegenständen gefüllten Becken nicht zu unterschätzende Massen summieren. Wer mehrere große Becken aufstellt, muss auch an die Statik des tragenden Zimmerbodens denken.

Wer über einen eigenen Hobbyraum verfügt, kann solche nützlich aufgeteilten Anlagen bauen... Foto: A. Glaser

Der Wasserstand für die gewandten Schwimmer sollte recht hoch gewählt werden. Nutzt man bei einem Aquarienbecken nur die vorgegebenen Maße, kann das Wasser nicht sehr hoch eingefüllt werden, da man sonst mit Fluchtversuchen der guten Kletterer rechnen muss. Ausgehend vom Sonnenplatz bzw. Landteil finden Wasserschildkröten häufig einen Weg, ihr Terrarium zu verlassen. Ein Deckel wie bei diversen Aquariensets ist nicht zweckmäßig, verhindert er doch eine ausreichende Luftzirkulation und lässt zudem die Anbringung der notwendigen Beleuchtung nicht zu. Viel praktischer ist es, auf dem vorhandene Aquarium einen Aufsatz zu befestigen. Dazu wird ein auf das Wasserbecken passender Rahmen gebaut und dort gegen Verrutschen gesichert. Die Vorderseite erhält oben und unten Kunststoff-Profilschienen, in denen die Frontscheiben geführt werden. Verwendung finden so genannte E-Profile, da diese einem auf dem Rücken liegenden „E" ähneln und es erlauben, zwei Schiebescheiben einzusetzen. Diese werden in die Profile eingeführt und bei Bedarf jeweils nach links oder rechts geschoben. Für eine bessere Bedienung der Frontscheiben können noch kleine Griffe angeklebt werden. Beim Selbstbau von Becken, insbesondere beim Zuschneiden von Glasscheiben, sollte zwingend der notwendige Arbeitsschutz beachtet werden! Rück- und Seitenwände erhalten festsitzende Verkleidungen, z. B. Glasscheiben. Dabei sind jedoch Öffnungen für die Terrarienbelüftung sowie Bohrungen für Zu- und Abläufe von Außenfiltern zu berücksichtigen. Der obere Abschluss des Aufsatzes erhält größere Öffnungen für Kabel (Lampen, Heizstab, Innenfilter) und die Terrarienentlüftung. Stabile und nicht zu dünne Befestigungsleisten (Holz [Vorsicht wegen eingeschränkter Lebensdauer in den luftfeuchten Aquaterrarien], Aluminium oder Kunststoff) für im Terrarium anzubrin-

...wohingegen man sich in traditionell genutzten Räumen meist auf Einzelbecken beschränken muss.
Foto: A. S. Hennig

gende Lampen sind natürlich auch einzuplanen und für die Tiere unerreichbar zu befestigen. Verwendet man einen solchen Aufsatz, kann das Wasser bei Bedarf fast bis zur Oberkante des Aquarienbeckens aufgefüllt werden. Der so erreichte Wasserstand bietet den Pfleglingen großzügigen Schwimmraum.

Bodengrund im Wasserbecken

Neben den notwendigen Einrichtungsgegenständen wie Sonnen- und Eiablageplatz wird vom Halter häufig Wert auf eine optisch ansprechende Einrichtung gelegt. Das Aquaterrarium soll „harmonisch" und „natürlich" aussehen. Allerdings ist dies bei Schildkrötenterrarien nur mit vielen Kompromissen möglich. Soll beispielsweise Bodengrund in Form von Kies oder Sand Verwendung finden, ist dessen Reinhaltung nur mit großem Aufwand möglich. Im Bodensubstrat setzen sich Futter- und Kotreste ab, diese Stellen schimmeln schnell, riechen faulig und sind Brutstätten unterschiedlichster Krankheitserreger. Dem ist nur mit regelmäßigem Wasserwechsel inklusive starker Substratreinigung (mehrfach durchspülen, Mulm absaugen, Austausch) abzuhelfen. Ist dies bei einem Einzelbecken noch relativ praktikabel und vom Zeitaufwand her zu bewältigen, entwickelt es sich bei zwei oder gar mehr Wasserbecken zu einem nicht zu unterschätzenden Kosten- und vor allem Zeitfaktor. Besser ist es daher, auf Bodengrund zu verzichten oder einen festen Einbau, beispielsweise die aus der Aquaristik bekannten braunen Rückwandverkleidungen aus Kunststoff oder schlicht Teichfolie, zu wählen (befestigt jeweils mit Aquariensilikon). Beckenrückwände können ebenfalls mit den vorgenannten Rückwandverkleidungen beklebt werden. Es sieht annähernd natürlich aus und vermeidet den Spiegeleffekt, den im Wasser befindliche Glaswände verursachen.

Bepflanzung

Pflanzen sind gern gesehene Gestaltungselemente, die das Terrarium oder Aquarium zu einem Ausschnitt der Natur wandeln können. Bei der Schildkrötenhaltung aber muss man im direkten Aktivitätsbereich der Tiere auf künstliches Grün zurück greifen. Alles andere wird von den Pfleglingen zerrissen, zerbissen und eben nicht gerade sorgsam behandelt. Bewährt hat sich bei mir z. B. ein über dem Wasserbecken stabil installierter Pflanzenkasten. Solange das Grün es nicht wagte, in das darunter befindliche Wasserbecken zu ranken, blieb es unbehelligt. Ansonsten wurde das Interesse der Tiere geweckt, und die Blätter schwammen zerbissen auf der Wasseroberfläche. Mit Ausnahme giftiger Pflanzen (z. B. *Dieffenbachia*) steht eine große Auswahl geeigneter Gewächse zur Verfügung (vgl. SCHWARZ & SCHWARZ 2001). Kann man die Schildkrötenbehälter nicht

So großzügiger Platz für die Schildkrötenhaltung steht natürlich nicht vielen Liebhabern zur Verfügung... Foto: V. Naths

direkt bepflanzen, bleibt als Alternative nur das dekorative Platzieren von Topfpflanzen neben oder je nach Konstruktion vielleicht auf dem Terrarium. Wasserpflanzen haben nur bei sehr jungen und damit kleinen Zierschildkröten eine Überlebenschance. So nutzen bei mir frisch geschlüpfte Jungtiere sehr gern Javamoos (*Vesicularia dubyana*), Wasserpest (*Elodea canadensis*) oder Hornkraut (*Ceratophyllum demersum*, *C. submersum*), um sich zu verstecken, darin zu schlafen oder aktiv Nahrung zu suchen. Andere und empfindlichere Pflanzen nehmen diese recht intensive Nutzung übel und gehen, vollkommen entstellt, meist ein.

Sonnenplatz und Landteil

Zwingend notwendig für die erfolgreiche Haltung von *Chrysemys picta* ist ein Sonnenplatz; hier bringen sich die Tiere auf „Betriebstemperatur". Die schlichteste Form einer Sonneninsel ist ein zwischen Front- und Rückscheibe eingeklemmter, halbrunder oder runder Zierkork. Dazu wird ein handelsübliches Stück Korkrinde in der entsprechenden Länge zurechtgesägt und so zwischen besagte Scheiben geklemmt, dass der obere Teil aus dem Wasser ragt und von den Schildkröten auf der griffigen Oberfläche gut erklettert werden kann. Verwendet man ein komplett gebogenes bzw. röhrenförmiges Stück Kork, erhält man direkt unter dem Sonnenplatz eine kleine Flachwasserzone, die von den Schildkröten zum Schlafen aufgesucht wird. Dazu muss aber eine Öffnung in die Längsseite der Korkröhre gesägt werden. Möglich, aber nicht praktisch für einen Sonnenplatz, sind übereinander geschichtete Steine oder Steinplatten. Abgesehen vom hohen Gewicht besteht hierin immer eine Unfallgefahr: Der Stapel kann verrutschen, die Schildkröten werden eingeklemmt, verletzt oder sogar getötet. Günstiger ist es – bei niedrigerem Wasserstand – auf einem auf der Seite liegenden Ziegelstein eine längliche Natursteinplatte zu verankern; ein Ende der Platte liegt (rutschfest) auf dem Aquarienboden, das andere ragt Dank des Ziegelsteines aus dem Wasser. Der unter dieser Rampe entstandene Hohlraum wird von ruhenden Tieren gern als Versteck aufge-

Solche üppig wuchernden Pflanzen im Wasserteil sind maximal in Aufzuchtbecken sehr kleiner Zierschildkröten möglich. Foto: A.S. Hennig

sucht. Als Alternative zur Natursteinplatte kann ein in der Länge halbierter Baumstamm genutzt werden. Das Holz darf jedoch nicht mit Chemikalien behandelt worden sein. In Jungtier-Becken können handelsübliche Moorkien-Wurzeln (Aquaristikbedarf) zum Einsatz kommen. Es sind jedoch solche Formen zu wählen, bei denen sich keine Schildkröte versehentlich einklemmen oder wie in einer Reuse gefangen werden und dadurch ertrinken kann. Ein Nachteil dieser Wurzeln ist, dass sie (zumindest die von mir verwendeten Exemplare) noch lange Zeit das Wasser wegen der abgegebenen Huminsäure braun färben. Es schadet den Schildkröten nicht, verdunkelt aber das Wasser. Die aufwändige Variante eines Sonnenplatzes, das Einkleben von Glasscheiben, wird meist nur bei der Installation von Eiablageplätzen angewandt. Dazu setzt man passende Scheiben so ins Becken ein, dass

1. ein „Becken im Becken" entsteht (an einer Stirnseite waagerechte Scheibe in gewünschter

Höhe einkleben, dazu eine zweite Glasscheibe im rechten Winkel befestigen; sie bildet den uferseitigen Abschluss), oder

2. ein in Seitenansicht dreieckiger Landteil gebildet wird (eine Scheibe am Winkel zwischen Bodenplatte und Stirnseite ansetzen und in Richtung Beckenmitte schräg nach oben führen, siehe Abb. [vgl. SCHILDE 2001]).

Üppig bewachsenes Folienbecken mit kräftigen Baumstämmen als Sonnenplatz. Foto: V. Naths

Eine weitere Möglichkeit ist der Einsatz von wasserdichten Behältern, die in das Wasserbecken gestellt werden. Geeignet sind beispielsweise ausreichend dimensionierte (ab ca. 30 cm Durchmesser bzw. Länge) Blumentöpfe oder -kästen aus Kunststoff (HENNIG 1999, 2002a). Mit feuchtem Substrat gefüllt sind sie in der Regel schwer genug, dass sie nicht zum Treibgut inmitten des Aquariums werden. Vor allem Blumenkästen lassen sich sehr praktisch auf zwei seitlich liegende Ziegelsteine betten (wegen möglicher Spannungen und der Gefahr des Zerkratzens der Bodenplatte eine dünne Lage Kork zwischen Glasboden und Stein schieben) – der so entstandene Hohlraum unter dem Landteil wird von vielen Wasserschildkröten gern als Versteck angenommen. Es ist natürlich auch möglich, einen Teil des Beckens mit einer senkrechten Glasscheibe grundlegend in zwei Bereiche zu teilen, doch geht damit möglicher Schwimmraum unter dem Landteil verloren. Die letzte hier vorzustellende Möglichkeit ist der Anbau eines Landteils: Ein Aquarium wird um einen separaten, substratgefüllten Behälter (ideal ist ein zweites Becken) ergänzt; ein gemeinsamer Aufsatz verbindet beide Teile. Während die Sonnenplätze für den täglichen Gebrauch durch beide Geschlechter notwendig sind, dienen die mit Substrat gefüllten Landteile in der Hauptsache den Weibchen für die Eiablage. Als Substrat für einen zur Eiablage geeigneten Landteil bieten sich beispielsweise feuchter Sand oder ein ebensolches Sand-Erde-Gemisch an. Torf wird ebenfalls von manchen Haltern untergemischt. Allerdings wird Torf in Hochmooren abgebaut, ein in Europa stark gefährdeter Lebensraum für spezialisierte, nunmehr seltene Pflanzen und Tiere. Für den Effekt der Bodenauflockerung muss aber nicht zwingend Torf verwendet werden. Für unsere Zwecke reicht feuchter Sand vollkommen. Wer unbedingt ein lockereres Substrat möchte, kann auch auf unbehandelten Rindenmulch aus heimischen Forsten zurückgreifen.

Fest installierter, mit Sand gefüllter Landteil. Foto: V. Naths

Beleuchtung, Wärme, Filterung

Zierschildkröten sonnen sich in ihrer Aktivitätsphase täglich und benötigen in Verbindung mit einer angemessenen Lichtfülle die entsprechende Beleuchtungstechnik im Aquaterrarium. Beachtung muss hierbei finden, dass die Licht- bzw. Strahlungsintensität in der Natur sehr hoch ist (MEIER 1998; SCHULZ 2001) und nur mit entsprechender Technik im Zimmerbecken nachzuahmen ist. Selbst in Fensternähe erhält es nur einen Bruchteil des natürlichen Lichts (HENNIG 2002a). Abhilfe schaffen hier leistungsfähige Strahler, gegebenenfalls in Kombination mit Leuchtstofflampen. Geeignet sind Halogen-Metalldampflampen (HQI, HDI), ferner Quecksilberdampf-Hochdrucklampen (HQL, HPL) in unterschiedlicher Leistung. GLASER beispielsweise (schriftl. Mittlg.) verwendet zur *Chrysemys*- und *Graptemys*-Haltung neben 80- und 125-W-HQL-Strahlern hauptsächlich 70- und 150-W-HQI-/HCI-Lampen (HCI ist eine Weiterentwicklung der HQI mit höherer Lichtausbeute und farblich einheitlichem Licht über die gesamte Lebensdauer hinweg), von denen jeweils eine etwa 15–20 cm über den Sonnenplätzen befestigt sind. So entsteht bei 150-W-HQI/D neben einer Beleuchtungsstärke von bis zu 120.000 Lux im Zentrum des Lichtkegels eine Temperatur von 45 °C. Zum Vergleich: Eine herkömmliche Glühbirne bringt es auf einen Wirkungsgrad von geradeeinmal 50-300 lux (ACKERMANN 2002). Das „D" bei HQI/D steht für den Farbcharakter (Lichtfarbe): „D" entspricht Tageslicht (über 5000 Kelvin Farbtemperatur), „NDL" neutralweiß (3300 bis 5000 Kelvin) und „WDL" warmweiß (unter 3300 Kelvin). Die Lichtfarbe „D" hat bei HQI auch die höchste Lichtausbeute. Als Allgemein- und Dämmerlicht finden bei GLASER Leuchtstofflampen und Kompakt-Leuchtstofflampen (Lichtfarbe „Warmton") Verwendung. So wird nicht nur Wert auf die Lichtmenge (Quantität), sondern auch auf das Lichtspektrum (Qualität) gelegt. HERTWIG (2001) erreicht für den Sonnenplatz seiner *Graptemys* mit einem 150-W-Brenner (Lichtfarbe Daylight von Osram), 15 cm über dem Sonnenplatz angebracht, lokal mindestens 45 °C. Ergänzend seien hier noch MEIER (1998) und HENNIG (2002a) erwähnt, die ebenfalls auf diesen Temperaturbereich hinweisen. Diese Wärmegrade sind ein Muss für jeden Sonnenplatz in Zierschildkröten-Becken: Die Tiere erreichen hier ihre Vorzugstemperatur und weichen bei Bedarf in kühlere Bereiche des Aquaterrariums aus. HQL- und erst recht HQI-Strahler sind zwar kostenintensiv in der Anschaffung, bieten aber den sonnenhungrigen Schildkröten naturnahe Haltungsbedingungen. ACKERMANN (2002) weist darauf hin, dass die Brennstäbe bzw. Birnen (HQL-Birnen besitzen im Farbspektrum einen UV-Anteil) zu vorgenannten Strahlern nach spätestens zwei Jahren ausgewechselt werden müssen, da die Lichtausbeute nachlässt. Möglich ist es, die Strahler dahingehend flexibel zu befestigen, dass sie je nach Jahreszeit in unterschiedlicher Höhe arretiert werden können. So lassen sie sich beispielsweise im Herbst etwas höher hängen, um die Schildkröten mit der damit verbundenen Temperaturabsenkung auf den kühleren Winter „einzustimmen". Um es aber noch einmal zu verdeutlichen: Die 45 °C Strahlungswärme sind natürlich nicht im gesamten Aquaterrarium zu bieten, son-

HQI-Strahler über einer Anlage zur Haltung von *Chrysemys*- und *Graptemys*-Männchen. Foto: A. Glaser

dern ausschließlich am Sonnenplatz! Die Tiere müssen immer die Möglichkeit haben, dieser Maximaltemperatur auszuweichen. So herrschen im übrigen Becken im Sommerhalbjahr Lufttemperaturen von etwa 25–30 °C. Auf jeden Fall ist die Luft stets etwas wärmer als das Wasser, sonst drohen Erkältungen. Für die allgemeine Beleuchtung ohne Wärmefunktion eignen sich – wie schon oben erwähnt – Leuchtstofflampen, deren Leistung und Länge in Abhängigkeit zur Terrariengröße gewählt werden. Gegebenenfalls müssen zwei Röhren parallel nebeneinander oder bei sehr langen Becken auch hintereinander installiert werden. Steigern kann man die Lichtintensität durch ein darüber angebrachtes, handelsübliches Reflektorblech. Zu empfehlen sind dem Tageslicht nahe kommende Bautypen (deren Bezeichnungen sind bei den verschiedenen Herstellern unterschiedlich). Entscheidet man sich für Leuchtstoffröhren mit UV-Anteil, sollte beachtet werden, dass sie zum einen nur eine beschränkte Lebensdauer hinsichtlich der UV-Abgabe besitzen, zum anderen ihre Installation maximal 30 cm über dem Wasserbecken bzw. Sonnenplatz erfolgen sollte. Bei größerem Abstand erreicht die ultraviolette Strahlung nicht die Tiere (RAUH 2000). Beachtet werden muss aber bei in Wassernähe montierten Geräten natürlich mögliches Spritzwasser, das generell nicht an die elektrischen oder elektronischen Funktionsteile geraten darf; abgesehen von im Wasser befindlichen Aquarienheizstäben.

Für die Beheizung des Wassers bieten sich für die Aquaristik produzierte Heizstäbe unterschiedlichster Hersteller an. Am praktischsten sind solche mit regelbarer respektive direkt einstellbarer Temperatur. Auf jeden Fall ist darauf zu achten, dass Heizstäbe und deren Stromkabel nicht von den Schildkröten beschädigt werden können, sodass es nicht zu Verletzungen der Tiere kommt. Eine Gefahr hierbei wird allerdings weniger von den Zierschildkröten als vielmehr von vergesellschafteten größeren Arten (z. B. Schmuckschildkröten, *Trachemys*, *Pseudemys*) ausgehen. Vor einem Wasserwechsel wird der Heizstab ausgeschaltet und erst wieder nach dem vollständigen Auffüllen des Beckens an das Stromnetz angeschlossen. Läuft ein Aquarienheizer trocken und kommt dann mit Wasser in Kontakt, kann es zur unwiederbringlichen Beschädigung durch Brechen des Glasmantels und eventuell zu Stromschlägen kommen.

Kräftige Außenfilter leisten gute Dienste beim Beseitigen von im Wasser befindlichen Schwebeteilchen. Im Bild sichtbar auch das Rohr eines fest installierten Beckenabflusses.
Foto: A.S. Hennig

Filter erfüllen in Schildkrötenbecken in erster Linie den Zweck, das Wasser von Schwebeteilchen zu reinigen. Je nach Besatzdichte und Filterleistung erfolgt in Maßen auch eine biologische Aufbereitung. Fördern kann man die Wasserqualität durch einen kurz über der Wasseroberfläche befindlichen Filterrücklauf (GLASER, schriftl. Mittlg.) oder auch die Berieselung der bepflanzten Terrarienrückwand (HERTWIG 2001). In beiden Fällen wird das Wasser mit Sauerstoff angereichert. Voraussetzung dafür ist ein Topf-Außenfilter (mit einer Umwälzleistung von mindestens dem Doppelten bis Dreifachen des Beckeninhaltes pro Stunde), der über einen Schlauch das zu klärende Wasser aus dem Becken zieht und das gereinigte Wasser über einen weiteren Schlauch zurückführt. Der Einsatz von Innenfiltern ist auch möglich, obgleich nicht annähernd so effektiv wie der größerer Außenfilter. Letztere bieten wesentlich mehr Volumen für grobes Filtersubstrat wie Tonröhrchen oder großporigen Schaumstoff. Feines Filtermaterial ist weniger nützlich, da es viel zu schnell von größeren eingesogenen Futter- oder Kotresten verstopft wird. Ein weiterer Schwachpunkt kann in Gestalt eines zu engen Schlauchdurchmessers (mindestens 10 mm) auftauchen: Auf der Schlauchinnenseite anhaftender Dreck und Algen verringern die Durchflussmenge, vor allem beim häufigen Verfüttern von pflanzlicher Nahrung (Hennig 2002a). Eine gründliche Reinigung lässt sich dann nicht umgehen. Der Reinigungszyklus der Filter selbst ist wieder abhängig von Beckengröße und Tierbesatz.

Freilandunterbringung

Unter bestimmten Voraussetzungen kann neben der Zimmerhaltung die saisonale Unterbringung von Zierschildkröten im Gartenteich ins Auge gefasst werden. Zieht man eine solche zeitweise Freilandhaltung in Erwägung, sollte unbedingt auf die notwendigen Haltungstemperaturen geachtet werden. Nicht jede Region im deutschsprachigen Raum eignet sich ohne ergänzende technische (Wärmestrahler) oder bauliche Ausstattung (Glasüberdachung) für eine Teichhaltung über die Monate Juli und August hinaus. Freilandterrarien bieten in der Regel mehr Platz (insbesondere Schwimmraum) sowie eine große Lichtfülle für die Tiere und erlauben auch mehr Freiheiten bei der Gestaltung. Zudem bieten verschiedenste wirbellose Wasserbewohner sowie Wasserpflanzen optimale Ergänzungen des Speisezettels. Es ist jedoch nicht jede Unterart für die Freilandhaltung geeignet. *C. p. dorsalis* scheidet schon wegen ihres Verbreitungsgebietes und der daraus resultierenden Temperaturansprüche aus. In den meisten Regionen sind die Durchschnittstemperaturen einfach zu niedrig, um Südliche Zierschildkröten erfolgreich im Freiland zu halten. Günstiger verhält es sich da mit den drei übrigen Unterarten, obgleich es bei den nicht so häufig in Liebhaberhand gepflegten *C. p. marginata* und *C. p. picta* wenig Erfahrungswerte gibt. Bei den Überlegungen zur Teichhaltung können daher hauptsächlich nur vergleichende Klimafaktoren den Ausschlag geben.

Gerade die Übergangszeiten im Frühjahr und Herbst sind in Deutschland häufig lang anhaltend nass und kühl. Die Wetterverhältnisse sind im Vergleich mit denen des natürlichen Verbreitungsgebietes schlechter und stehen einer erfolgreichen Haltung der Schildkröten entgegen. Lediglich die Hochsommermonate könnten sich dann für eine Pflege im Gartenteich eignen (obgleich die mittleren Temperaturen in Deutschland meist unter denen des Verbreitungsgebietes liegen, vgl. Tabelle). Abhilfe schafft eine geschützte Freilandhaltung. Das heißt, die Schildkrötenteiche erhalten eine Voll- oder Teilabdeckung mit Sonnenlicht durchlassenden Glas- oder Kunststoffplatten (vgl. Arbeitskreis Schmuckschildkröten 2001). Dieser

Tab. 9: Temperaturvergleiche (Mittlere Temp.) von Städten im deutschsprachigen Raum mit Temperaturdaten aus dem natürlichen Verbreitungsgebiet von *Chrysemys picta* (Angaben nach Müller 1996)

	Zürich	Wien	Bremen	Essen	Nürnberg	Leipzig	Potsdam	Atlanta	Boston	Omaha	Havre
Jan.	-1,1	-1,4	0,6	1,5	-1,4	-0,5	-1,1	7,1	-2,8	-5,4	-10,1
Feb.	0,3	0,4	0,9	1,9	-0,4	0,2	0,3	8,1	-2,6	-3,1	-8,7
Mrz.	4,5	4,7	4,0	5,3	3,7	3,4	3,3	11,1	1,6	2,7	-2,8
Apr.	8,6	10,3	8,2	8,9	8,2	7,6	8,3	16,1	7,6	10,9	5,9
Mai	12,7	14,8	12,8	13,1	13,0	12,9	13,4	20,9	13,7	17,2	12,3
Juni	15,9	18,1	16,0	16,0	16,5	15,8	16,8	24,9	18,4	22,8	16,1
Juli	17,6	19,9	17,4	17,5	18,0	18,0	18,4	26,0	21,6	25,8	21,1
Aug.	17,0	19,3	17,1	17,3	17,3	17,2	17,7	25,8	20,8	24,6	19,4
Sep.	14,0	15,6	14,0	14,6	13,8	13,6	14,2	22,8	16,9	19,4	13,4
Okt.	8,6	9,8	9,4	10,0	8,4	8,7	8,9	17,1	11,5	13,2	7,9
Nov.	3,7	4,8	5,3	5,8	3,7	3,7	4,2	10,6	5,6	3,8	-1,1
Dez.	0,1	1,0	2,2	2,8	0,0	0,6	0,7	6,7	-1,1	-2,1	-6,2

Ein sonnig gelegener Schildkrötenteich, u. a. für *Chrysemys picta bellii*. Neben einem tieferen Wasserteil gibt es sich schnell erwärmende Flachwasserzonen (links) und einen starken, als Sonnenplatz dienenden Ast, von dem die Tiere bei Gefahr ins tiefe Wasser flüchten können. Foto: A.S. Hennig

Gewächshauseffekt erhöht die Temperatur in der Regel deutlich und erlaubt es, die Dauer der (geschützten) Freilandhaltung zu verlängern. Gegebenenfalls sind ergänzend vor Feuchtigkeit geschützte Wärmestrahler zu installieren. Wegen möglicher Überhitzung durch Sonnenstrahlen sind ebenfalls entsprechende Vorkehrungen zu treffen (Belüftung, indem die Abdeckung manuell bzw. automatisch gehoben oder entfernt wird). Klassische Gewächshäuser in bekannter Form bieten natürlich noch bessere Bedingungen in Bezug auf den Temperaturhaushalt und auch die Lichtintensivität und erlauben es, dort die wärmebedürftigere *C. p. dorsalis* zu halten.

Der für eine Zierschildkrötenhaltung geeignete Teich besitzt ausgeprägte, sich schnell erwärmende Flachwasserzonen und liegt insgesamt vollsonnig. Bäume, Sträucher oder Gebäude sollten möglichst wenig Schatten auf das Gewässer werfen. Nur so erlangt man für die Pfleglinge eine größtmögliche Wärmeausbeute und Sonnenscheindauer. Flache Wasserbereiche, meist in Nähe des Teichufers, ermöglichen mit einem Wasserstand von etwa 20 cm eine zügige Aufwärmung und länger anhaltende hohe Temperaturen als tiefere Teichzonen. Letztere werden von den Schildkröten dennoch zur Nahrungssuche, für die Ruhezeit, aber auch zum Abkühlen genutzt (vgl. Obst 1985). Wie in einem natürlichen Gewässer existiert also auch ein ebensolches Temperaturgefälle: Das Oberflächenwasser ist wegen der Besonnung wärmer als das Tiefenwasser. Werden für die Wasserreinigung Filter oder Pumpen eingesetzt, sind diese jedoch nicht an der tiefsten Stelle des Teiches zu platzieren, denn über Zuläufe, Springbrunnen u. Ä. wird auf diesem Wege kühles Wasser an die Oberfläche gepumpt und dort mit den wärmeren Wasserschichten vermischt. Die Tempe-

Schildkrötenteich mit Natursteinmauer als Umgrenzung; bei der geringen Wasseroberfläche darf der Teich nicht allzu tief ausfallen. Foto: A.S. Hennig

ratur des Oberflächenwassers wird dadurch gesenkt: ein Negativ-Effekt. Eine praktikable Lösung zur Klärung von Schildkrötenteichen wenden B. & P. BACHHAUSEN an (schriftl. Mittlg.): Für einen Teich mit 2.500 Litern Wasserinhalt, u. a. bepflanzt mit Schwertlilien (*Iris pseudacorus*) und Papyrus (*Cyperus* sp.), wurde eine Pumpe mit zwei hintereinander geschalteten, geschlossenen Filtertöpfen installiert. Das Volumen je Topf beträgt etwa 30–40 l. Als dritte Stufe dient ein oben offener Behälter mit 40 Litern Volumen. Hier plätschert das Wasser nach dem Durchlaufen der ersten beiden Töpfe oben hinein und wird unten durch einige Löcher im Eimer wieder dem Teich zugeführt. Die Pumpe saugt das Wasser oberflächennah ab, damit dessen Temperaturschichtung erhalten bleibt. Als Filtermaterial dienen zur Ansiedlung von Bakterien neben handelsüblicher Filterwatte auch die für Hydrokulturen bekannten Tonkugeln. Möglich ist natürlich auch anderes, aber größtenteils grobes Material. Damit der Filter nicht so leicht verstopft, wurde ein „freier" Wasserkörper in Form eines Hohlziegels geschaffen. Bei einem saisonalen Besatz (im Sommer) mit durchschnittlich sieben bis neun adulten Rotwangen-Schmuckschildkröten (*Trachemys scripta elegans*) wird das Wasser einmal im Jahr gewechselt.

Wenn man Filter oder Pumpe einsetzt, ist zu beachten, dass durch die Pumpleistung auch Kleintiere (also mögliche Schildkrötennahrung) wie Wasserflöhe und im Wasser lebende Insektenlarven eingesogen werden. Vorteilhaft für die Stabilität des künstlichen Schildkrötengewässers ist es, die Teichfläche großzügig und den Tierbesatz niedrig zu halten.

Als Baumaterial für den Schildkrötenteich eignet sich beispielsweise die in Bau- und Gartenmärkten erhältliche PVC-Teichfolie. Sie erlaubt eine angemessene Planungs- und Baufreiheit mit vielen Gestaltungsmöglichkeiten. Fertige Kunststoffteiche sind natürlich auch möglich (und in den meisten Fällen langlebiger), aber im Gegensatz zur Folie eher unflexibel. Fertigteich-Wände sind steil, glatt und deshalb nachteilig, wenn eine mangels Temperatur bzw. Aufwärmung klamme

Zur Verlängerung des Freilandaufenthaltes können die Teiche ähnlich einem Gewächshaus verglast werden; dabei ist unbedingt auf die Gefahr einer möglichen Überhitzung zu achten. Foto: A.S. Hennig

Als Umfriedung eignen sich auch starke Palisaden, die jedoch fest im Boden verankert werden sollten. Foto: A.S. Hennig

Wasserschildkröte an die Oberfläche gelangen möchte. Bei Folien können die Übergänge zum Ufer sacht ansteigen und zudem mit flachen Natursteinplatten oder Ähnlichem griffiger gestaltet werden. Lehm oder Ton lassen sich auch zum Bau von Schildkrötenteichen verwenden, doch sind bei deren Einsatz als Baumaterial umfangreichere Besonderheiten beim Bau und Betrieb zu berücksichtigen (vgl. DE SAINT-PAUL et al. 2001). Da spätestens trächtige Weibchen bei der Suche nach einem Eiablageplatz den für sie eingerichteten Teich verlassen und auf Wanderschaft gehen, ist eine Umfriedung des Freilandterrariums zu bauen. Dazu eignen sich beispielsweise die von mir bevorzugten Holzpalisaden. Fest im Boden verankert (z. B. mit Moniereisen [HENNIG 2002a]), können sie nicht von den Schildkröten oder auch anderen

Teilansicht einer Freilandanlage. Foto: A.S. Hennig

Tieren umgeworfen werden. Möglich für das Umfrieden des Teiches sind auch Bretter oder aufwändigere Mauern. Als oberer Abschluss wird aber in jedem Fall eine nach innen überstehende Kante gewählt – mit dem Zweck, dass eine sehr gut kletternde Schildkröte nicht doch einmal das künstliche Hindernis überwinden kann.

Zur Ausstattung des Teiches gehören auf jeden Fall Sonnenplätze in Form von aus dem Wasser ragenden Baumstämmen, Wurzeln oder Steinplatten. Hier haben die sich sonnenden Tiere die Möglichkeit, sich bei vermeintlicher Gefahr auf direktem Wege ins schützende tiefe Wasser zu stürzen. Daher werden solche Sonnenplätze meist denen am Teichufer vorgezogen. Letzteres erhält aber an einer möglichst intensiv sonnenverwöhnten Stelle einen Eiablageplatz für die Weibchen. Vorteilhaft ist es, das Eiablagesubstrat (angefeuchteter Sand oder ein Sand-Erde-Gemisch) sogar noch etwas aufzuschütten. Die für eine Nistgrube vorgesehene Fläche wird von Bewuchs frei gehalten und gegebenenfalls nachbefeuchtet. Bei einer Bepflanzung des Freilandterrariums ist zu beachten, dass Zierschildkröten viele Pflanzen auf Fresstauglichkeit prüfen und tatsächlich fressen oder wenigstens zerbeißen. Hier kann nur individuell experimentiert werden. Ufer- und Landbepflanzungen erfolgen unter dem Gesichtspunkt, dass keine der gewählten Wuchsformen als indirekte „Steighilfe“ beim Überwinden der Teichumfriedung dient. Ebenfalls sollten keine giftigen Pflanzen eingesetzt werden (Übersicht siehe Dennert 2001).

Fütterung

Angelehnt an die Ernährung in der Natur sollte die Fütterung in menschlicher Obhut abwechslungsreich mit einer Kombination aus tierischen und pflanzlichen Bestandteilen erfolgen. Das Futter muss stets hochwertig und gering im Fettgehalt sein. Ausschließliche Gaben von Fertignahrung (Pellets) oder Säugerfleisch (Rinderherz, Geschabtes oder gar das noch fettigere Gehackte) stellen kein Optimum dar. Vielmehr sollte das Futterspektrum von unterschiedlichsten Wirbellosen über Frostfuttersorten bis hin zu Gelatinefutter (Schildkrötenpudding; mehr dazu weiter unten) reichen. An Lebendfutter kann auf die handelsüblichen Futtertiere wie Regen- bzw. Tauwürmer, Grillen, Heimchen, Wachsmottenlarven (Wachsmaden), Heuschrecken, Mehlkäferlarven (bekannt als Mehlwürmer), Schaben, Schwarzkäferlarven (*Zophobas*; wegen ihrer Größe und den starken Mundwerkzeuge nur für adulte Wasserschildkröten geeignet), Weiße und Schwarze Mückenlarven, Rote Zuckmückenlarven und Bachflohkrebse zurückgegriffen werden. Im Garten oder an anderen geeigneten Stellen sammelt man Gehäuseschnecken, Kellerasseln und Regenwürmer, oder in Gewässern verschiedenster Art die bereits genannten Bachflohkrebse und Mückenlarven, wobei die Eigentums- und Nutzungsrechte der aufgesuchten Gewässer sowie Natur- und Artenschutz zu beachten sind. Im Gartenteich fange ich auch Eintagsfliegenlarven, Wasserasseln und sammle ertrunkene Raupen sowie Spinnen. Laich, Larven bzw. Kaulquappen von einheimischen Amphibien werden nicht gesammelt und verfüttert, da diese – hauptsächlich durch Lebensraumzerstörung bedroht – unter Schutz gestellt sind. Ebenso betrifft dies eine nicht unerhebliche Anzahl von Libellenarten, deren Larven in vielen Gewässern gefunden werden können. Neben den Gehäuseschnecken sind insbesondere die Kleinkrebse nicht nur wichtige Kalkquellen für den Skelettaufbau, sondern auch Lieferanten essenzieller roter und gelber Farbstoffe für die Färbung von Schmuck- und Zierschildkröten (Obst 1995). Neben den an Land lebenden Gehäuseschnecken-

Wirbellose wie diese Steppengrille dürfen in einem Zierschildkröten-Speiseplan nicht fehlen. Foto: A.S. Hennig

Tab. 10: Zusammensetzung verschiedener Futtertiere (Angaben in Prozent)

Futterart	Wasser	Rohprotein	Fett	Quelle
Schwarze Mückenlarven und -puppen	82,00	10,00	4,00	5
Mückenlarven (*Chironomus*)	83,33	8,21	1,88	1,6
Stechmückenlarven und -puppen	82,00	10,50	4,00	2
Rote Mückenlarven und -puppen	88,00	6,50	2,00	2
Köcherfliegenlarven (*Anabolia*)	77,09	11,13	0,95	1,6
Eintagsfliegen (*Siphionius*)	82,35	12,64	1,17	1,6
Eintagsfliegenlarven	86,00	8,00	2,00	4
Wasserflöhe (*Daphnia*)	95,00	2,50	0,50-1,00	4
Cyclops	83,00	9,00	2,00-3,00	4
Flohkrebs (*Gammarus*)	86,00	7,00	1,00	4
Enchyträen	75,00	15,00	6,00-10,00	4
Asseln	78,00	10,00	1,00	4
Schwebegarnele (*Praunus flexuosus*)	80,00	13,00	1,00	4
Schlammröhrenwürmer (*Tubifex*)	86,00	8,00	2,00	5
Schlammröhrenwürmer (*Tubifex*)	87,20	8,06	2,00	6
Tellerschnecke (*Planorbis*)	73,00	10,58	0,67	1,6
Muschel (*Unio*)	87,50	8,19	0,55	6

1 Nietzke (1989); 2 Bremer (1985), aufbauend auf Mann (1935); 3 Bremer (1985); 4 Bremer (1997); 5 Mann (1935); 6 Mann (1975)

arten können auch Wasserschnecken mit dünnschaligem Gehäuse verfüttert werden. Eine eigene Zucht dürfte nicht unbedingt lohnenswerte Erträge bringen, aber Aquarianer geben in den meisten Fällen gern überzählige Exemplare aus ihren Becken ab. Gewiss ist es aufwändig, regelmäßig Wasserflöhe und Mückenlarven zu fangen. Gewässer müssen aufgesucht, Regentonnen und andere im Freien aufgestellte Behälter abgekeschert werden, um die begehrten Kleintiere zu erbeuten. Auf der Jagd nach Gehäuseschnecken, Asseln und Regenwürmern müssen Steine gewendet, Totholz untersucht, Beete umgegraben und halbwegs natürliche Grünflächen „abgegrast" werden. Aber neben dem Zweck der Futtertiersuche erlebt man so die eine oder andere interessante Begebenheit, die unsere einheimische Natur bereithält. Für Kinder durchaus ein Abenteuer! Interessant wird es aber auch, wenn man – mit großer Pinzette und Plastikbehälter bewaffnet – nach einem Sommerregenschauer um Mitternacht kleine Anliegerstraßen oder den Parkplatz nach hervorgekrochenen Regenwürmern absucht und dabei von den Nachbarn mit merkwürdigen Blicken bedacht wird... Aber als Alternative stehen ja noch die Lebendfutterangebote der Zoohändler oder spezialisierten Futtertierzuchtbetriebe sowie der Anglershops zur Verfügung. Entsprechend der Größe der Schildkröten sollten die zu verfütternden Tiere in einer „mundgerechten" Portion gereicht werden. Ansonsten schnappen die kleineren Zierschildkröten große Futterbrocken, z. B. eine ausgewachsene Grille, zerfetzen diese, und das Wasser wird schneller verschmutzt als notwendig.

Tab. 11: Inhalt diverser Futtersubstanzen nach Nietzke (1998); Angaben in Prozent

Futterart	Protein	Fett	Kalzium	Phosphor
Eintagsküken	16,00	5,50	0,39	0,34
Maus (30 g)	19,90	8,80	0,84	0,61
Weißfisch	23,10	6,50	2,60	1,20
Rinderherz	18,80	3,70	0,01	0,19
Rinderleber	20,00	3,20	0,01	0,35
Mehlkäferlarven	20,40	9,00	0,40	0,29

Regenwürmer kann man leicht selbst suchen, und sie werden von den Schildkröten gerne gefressen.
Foto: A.S. Hennig

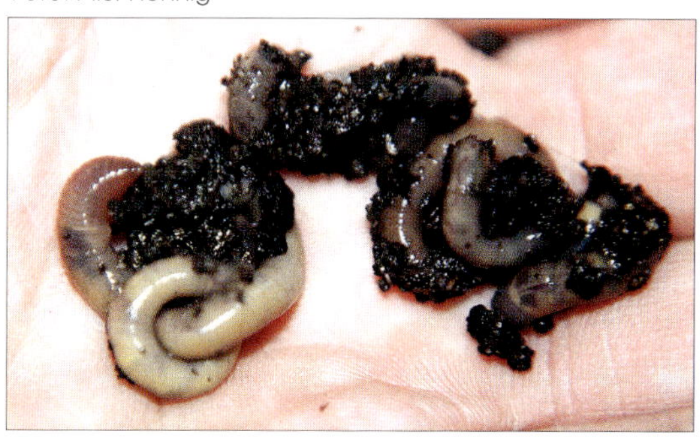

Auch ist es empfehlenswert, große Gehäuseschnecken vor dem Verfüttern zu zerdrücken. Nicht jede Schildkröte hat ausreichende Kräfte in den Kiefern, um große Schneckenhäuser zu brechen. Neben den als Futter geeigneten Wirbellosen, die es zum Teil auch gefrostet gibt (z. B. Mückenlarven, Bachflohkrebse), bieten sich ergänzend frischtote oder als Frostfutter erhältliche Süßwasserfische sowie aufgetautes Muschelfleisch an. Tiefgekühlte und aufgetaute Mäuse- und Rattenbabys können gelegentlich gereicht werden. Der pflanzliche Anteil in der Fütterung kann beispielsweise aus Wasserpest, Wasserlinsen (Entengrütze), Löwenzahn oder Wegerich bestehen. Eher akzeptiert wird Obst, das aber nur als gelegentliches Beifutter gegeben werden sollte. Verwendung finden bei mir dabei in der Hauptsache Brombeeren und Rote Johannisbeeren sowie Weintrauben (das bessere Verhältnis Kalzium zu Phosphor haben die beiden Beerensorten mit 1,5 bzw. 1,1 [DENNERT 2001]). Die Akzeptanz von pflanzlichem und auch tierischem Futter kann recht unterschiedlich sein und variiert von Tier zu Tier. Was heute verschmäht wird, kann am nächsten Tag gierig gefressen werden. Ein stetes Anbieten verschiedenster naturnaher Futtersorten ist daher unerlässlich. Immer mehr in Gebrauch – vor allem bei einem größeren Tierbestand – ist der so genannte Schildkrötenpudding. Dabei handelt es sich um ein Gelantinefutter,

Gehäuseschnecken gehören ebenfalls zum Futterspektrum.
Foto: A.S. Hennig

das mittlerweile mit verschiedenen Rezepten publiziert wurde (z. B. ARTNER 1998; HACKETHAL 1998a). Es enthält neben anderen Zutaten beispielsweise Tintenfisch, Garnelen, Rinderherz und Fisch. HERTWIG (2001) weist darauf hin, dass er nur noch sorgfältig entgräteten Fisch verwendet, da er vermutet, dass die bei seinen *Graptemys* festgestellten Entzündungen sowie Abszesse in Maul und Rachen auf Verletzungen durch Grätensplitter im Pudding zurückzuführen sind. Auch wenn die Bevorratung von Schildkrötenpudding zu einer häufigen oder

Tab. 12: Inhalt einiger Futtertiere nach DENNERT (1997); Angaben in Prozent

Futterart	Trockensubstanz	Rohasche	Rohprotein	Rohfett	Kalzium	Phosphor
Heimchen	32,3	5,8	68,5	16,0	0,47	0,96
Zweifleckgrillen (Weibchen)	28,5	5,1	65,5	14,6	0,24	0,88
Wanderheuschrecken	33,3	3,7	71,0	13,9	0,04	0,65
Wachsmottenlarven	38,9	2,8	37,4	53,3	0,07	0,56
Schwarzkäferlarven	42,7	2,6	48,2	41,5	0,04	0,56
Mehlkäferlarven	42,6	2,7	45,8	42,4	0,01	0,27
Regenwürmer	16,3	8,2	61,4	5,5	0,76	0,86
Mäuse, nestjung	20,4	10,6	69,3	19,6	1,89	1,85

gar ausschließlichen Fütterung damit verleitet, sollte unbedingt auf Abwechslung im Speiseplan geachtet werden. In der Natur ist das Nahrungsangebot zwar auch stark saisonabhängig, und die quantitative Entwicklung fressbarer Tiere unterliegt einem jahreszeitlichen Rhythmus (OBST 1995), z. B. das Massenauftreten von Wasserflöhen oder Mückenlarven. Doch variiert das Angebot im Laufe eines Jahres, und es stehen neben den massenhaft vorkommenden und damit überwiegend gefangenen Beutetieren stets auch andere Nahrungsquellen zur Verfügung. So ernähren sich Zierschildkröten im Habitat vielseitig und werden mit verschiedensten Nährstoffen versorgt. Ein Aspekt, der bei ihrer Haltung unbedingt beachtet werden muss. Besonders Mineralstoffen wie Kalzium (Ca) und Phosphor (P) kommen wichtige Funktionen im Stoffwechselgeschehen von Schildkröten zu (DENNERT 2001). Die Autorin verweist unter anderem auf den direkten Zusammenhang zwischen Kalzium- und Phosphorstoffwechsel; entscheidenden Einfluss auf deren komplikationslosen Ablauf hat das Ca:P-Verhältnis in der aufgenommenen Nahrung. Genügend Vitamin D_3 vorausgesetzt (es fördert die Kalzium-Aufnahme aus dem Darm), sollte nach DENNERT das Verhältnis mindestens 1:1, besser 1,5–2:1 betragen. Im Sommerhalbjahr, der Hauptaktivitätszeit der Tiere, füttere ich meine Zierschildkröten nach Möglichkeit täglich und vor allem abwechslungsreich. Das ist wichtig für das Wachstum und die optimale Versorgung der Jungtiere, den Weibchen wird dadurch die Grundlage geboten, ihre Kondition für die kräftezehrende Eiproduktion und -ablage zu bewahren bzw. zu bekommen. Aber natürlich erhalten damit auch die männlichen Exemplare neben der hohen Wärmezufuhr die benötigte Energie. Gezielte Fastentage halte ich nicht ein, da ich von der eben erwähnten Notwendigkeit der regelmäßigen Versorgung ausgehe. Füttert man nicht ausschließlich die handelsüblichen Fertigfuttermittel für Schildkröten oder Fische, kommt es nach meiner Erfahrung auch nicht zur Verfettung.

Zierschildkröten gewöhnen sich sehr schnell an, um Futter zu „betteln“, sobald sie den Pfleger erblicken. Dazu schwimmen sie aufgeregt am vorderen Beckenrand hin und her. Tritt man an das Becken heran, scheinen sie manchmal förmlich aus dem Wasser zu springen, um in die eventuell Futter reichenden Finger zu beißen. Dies kann schon fast lästig werden, wenn das Aquaterrarium im häufig frequentierten Wohnzimmer steht und jede Regung der menschlichen Bewohner mit heftigen Reaktionen der Zierschildkröten quittiert wird…

Chrysemys picta bellii
Foto: A.S. Hennig

Überwinterung

Infolge der Abhängigkeit insbesondere der Sexualzyklen (Spermatogenese, Ovulation) von den jahreszeitlichen Einflüssen ist unbedingt zur Winterruhe (Hibernation) zu raten (OBST 1995). Lediglich bei erkrankten oder schwachen Exemplaren setzt man diese aus oder verkürzt sie nach einem Heilungserfolg. Die Ruhephase ist dann zeitgleich mit derjenigen der normal eingewinterten Tiere zu beenden. So kommt es noch zur für Zuchtversuche notwendigen Synchronisation der Schildkröten (OBST 1995). Aber nicht nur wegen der gewünschten Fortpflanzung ist die Hibernation in Menschenobhut notwendig. Diese Phase stark verminderter Aktivität ist eine Anpassung der wechselwarmen Reptilien an jahreszeitlich bedingte Temperatursenkungen im Verbreitungsgebiet und an die damit verbundene Nahrungsknappheit. Das Nachahmen der saisonalen Temperaturschwankungen hat wesentlichen Einfluss auf das langjährig anhaltende Wohlbefinden der Schildkröten. So weist beispielsweise BIDMON (2001) darauf hin, dass die Hibernation nicht nur für das Reproduktionsgeschehen, sondern auch für ein normales Gedeihen essenziell sei. Das große Verbreitungsgebiet von *C. picta* tangiert klimatisch recht unterschiedliche Regionen. Je nach Vorkommen der einzelnen Unterarten und selbst innerhalb der von nur einer Unterart besiedelten Gebiete, insbesondere bei *C. p. bellii*, müssen Zierschildkröten mit verschiedenen Winterbedingungen zurechtkommen. Die Spanne reicht von durchschnittlichen Januartemperaturen von milden 13,3 °C im Mündungsgebiet des Mississippi (Müller 1996) bis hin zu zweistelligen Minusgraden im Süden Kanadas. Für die korrekte Überwinterung in Menschenobhut besteht nun das Problem, dass wir nur in wenigen Fällen wissen, woher genau unsere Pfleglinge tatsächlich stammen. Bei *C. p. dorsalis* lässt sich die richtige Unterbringung während des Winters aufgrund des kleineren Verbreitungsgebietes noch am besten realisieren. Schwerer wird es da bei *C. p. bellii* mit ihrem großflächigen Vorkommen. Hier helfen bei der Terrarienhaltung nur genaues Beobachten und Reagieren. In den Becken meiner Zierschildkröten werden im Herbst, konkret ab Ende September, die Beleuchtungszeit verkürzt und die Temperaturen gesenkt. Im Wasser befindliche Heizstäbe schalte ich aus, die Strahlungsdauer der Lampen wird von der normalerweise täglich etwa zwölfstündigen Beleuchtungszeit (für die Nacht werden Licht und Heizung natürlich ausgeschalten) über einen Zeitraum von zwei Monaten wöchentlich um je eine Stunde gekürzt, um die nach dieser Zeit verbliebenen vier Stunden dann sofort auf Null zu reduzieren (Hennig 2002a). Die Futterrationen werden parallel dazu verringert. Ähnlich verfährt beispielsweise Hackethal (1998b), der ab September die Bestrahlungszeiten von konstant zehn Stunden um jeweils eine halbe Stunde pro Woche reduziert. Meine *C. p. dorsalis* bleiben bis etwa Ende Februar bei Zimmertemperatur in ihren Becken; sie werden in dieser Zeit sparsam einmal pro Woche gefüttert. Die Akzeptanz der Futtergaben ist unterschiedlich, aber in keinem Fall waren bisher bedeutende Gewichtsverluste festzustellen. Andere Autoren verfahren bei *C. p. dorsalis* mit ähnlichen Methoden ebenfalls erfolgreich: Düllo (1994) gibt für die Monate Januar und Februar 20 °C an; bei diesen Temperaturen nahmen ihre Tiere keine Nahrung mehr auf. Hummel et al. (2000) erwähnen für die Zeit von November bis Januar rund 22 °C, Hackethal (1998b) für acht Wochen ebenfalls 22 °C und Walz (1998) nennt ca. 17–20 °C für November bis Januar. Vergleicht man diese Erfahrungswerte mit den Temperaturdaten in der Natur (nach Müller [1996] beispielsweise für Memphis, Tennessee, mit mittleren Temperaturen von 10,3 [Nov.], 6,4 [Dez.], 5,6 [Jan.] und 7,0 °C [Feb.]), können die Überwinterungstemperaturen sogar noch nach unten korrigiert werden. Meinhardt (schriftl. Mittlg.) schaltet bei seinen *C. p. dorsalis* für einen dreiwöchigen Zeitraum Licht und Heizung komplett aus und erreicht für einige Tage Temperaturen zwischen 12 und 15 °C; insgesamt dauert die Winterruhe bei seinen Tieren acht Wochen.

Bei Exemplaren der anderen drei Unterarten verfahre ich so, dass diese zum Zeitpunkt des Ausschaltens der Beleuchtung in den Kühlschrank oder in einen kühlen Raum überführt werden. Als Überwinterungsbehälter nutze ich Plastikboxen, Eimer oder kleine Glasaquarien, die jeweils einen Wasserstand von 5–7 cm aufweisen. Zum Teil lege ich flache Korkstücke hinein, unter denen sich die Schildkröten verstecken können; diese Möglichkeit wird aber nach meinen Beobachtungen nicht gezielt genutzt. Die Behälter werden abgedunkelt. Neuzugänge überdauern den ersten Winter in meiner Obhut zur Sicherheit bei Zimmertemperatur, auch wenn sie vom natürlichen Verbreitungsgebiet her kühlere Temperaturen tolerieren würden. Das liegt darin begründet, dass nicht immer klar ist, wie Fund- und abgegebene Tiere gehalten wurden, bevor ich sie erhielt. Findlinge oder Schildkröten, die ihren Vorbesitzern zur Last fielen und deshalb bei mir abgegeben wurden, waren meist geschwächt oder durch falsche Haltung nicht fit genug für eine echte Überwinterung. Oftmals ist es sogar so, dass solche Abgabetiere noch nie eine Winterruhe erlebt hatten; sie können daher nicht sofort bei einstelligen Wärmegraden überwintert werden. Hier muss mit viel Fingerspitzengefühl beobachtet und gehandelt werden. Adulte *C. p. marginata* überwinterte ich ansonsten bisher im Kühlschrank bei 3–5 °C. Ein adultes Männchen zeigte während der ersten Überwinterung in meiner Obhut im oberen Bereich der vorgenannten Temperatur noch solch hohe Aktivität im Überwinterungsbehälter, dass es erst bei einer weiteren Senkung auf 3 °C inaktiv wurde. Für *C. p. marginata* aus dem südlichen Verbreitungsgebiet reicht sicherlich eine mildere Temperaturschwelle für den Beginn einer Ruhephase. HACKETHAL (1998b) überwinterte seine *C. p. marginata* über acht Wochen bei 22 °C, und die Tiere schritten danach auch zur Fortpflanzung. THIEME (1998) gibt für seine *C. p. marginata* (ebenso wie für *C. p. bellii* sowie *C. p. picta*) für Januar und Februar 12–15 °C an; seine Tiere verhalten sich dann sehr ruhig und wechseln aller paar Tage zwischen Wasser und Land. Östliche Zierschildkröten setze ich ebenfalls in den Kühlschrank. Ebenso verfahren beispielsweise auch mit sehr gutem Erfolg MEINHARDT und GLASER (pers. Mittlg.); Letzterer verzeichnet eine positiv aufgenommene Überwinterungstemperatur von 4 °C. Ältere Exemplare, die bei den Vorbesitzern nicht kühl überwintert wurden, überführe ich in einen dunkleren Raum mit Temperaturen zwischen 6 und 10 °C. Gesunde adulte *C. p. bellii* verbringe ich ohne Probleme in den Kühlschrank mit 3–5 °C, junge Nachzuchttiere hingegen in den vorgenannten Raum. HELM (schriftl. Mittlg.) überwintert seine *C. p. bellii* ebenfalls mit Nachzuchterfolg bei Temperaturen unter 4 °C (Dez.–Feb.). Wichtig ist für eine richtige Überwinterung die Kenntnis der Herkunft seiner Zierschildkröten. Erwirbt man Tiere, ohne den genauen Fundort zu kennen – wie es auf fast alle im herkömmlichen Zoohandel erhältlichen *Chrysemys picta* zutrifft, ist – ich erwähnte es bereits – ein genaues Beobachten der gepflegten Exemplare notwendig, um die geeigneten Überwinterungsbedingungen herauszufinden.

Auch wenn Schlüpflinge in der Natur Minusgrade und ein teilweises Einfrieren überleben können (siehe Kapitel zur Jahresaktivität), sollte ein diesbezüglicher Versuch bei der Terrarienhaltung natürlich nicht in Erwägung gezogen werden.

Chrysemys *picta marginata* Foto: M. Schmidt

Nach dem Beenden der Ruheperiode im Februar/März stellt man die Überwinterungsbehälter mit den Tieren in einen Raum mit Zimmertemperatur. Schon innerhalb weniger Stunden werden die Zierschildkröten wieder aktiv und in die Aquaterrarien überführt. Im Becken verbliebene und nicht in separaten Winterquartieren untergebrachte *C. picta* werden zu diesem Zeitpunkt mit dem Wiederanschalten der Beleuchtung zur Aktivitätssteigerung stimuliert. Die Wärme liebenden *C. p. dorsalis* erhalten nun tagsüber Wassertemperaturen von etwa 22–24 °C, während man den aus nördlichen Verbreitungsgebieten stammenden *C. p. bellii*, *C. p. marginata* und *C. p. picta* zwar auch leistungsstarke Strahler, aber noch keinen hoch temperierten Wasserteil zur Verfügung stellt. Die Frühlingswochen in den nördlichen USA und Süd-Kanada bieten schon kräftige Sonnenstrahlen, aber bei natürlichen Gewässern noch keine konstant hohen Wassertemperaturen. Erst später erreichen Seen, Teiche, Gräben etc. höhere Durchschnittstemperaturen. So können im Laufe des Mai die Tagestemperaturen im aquatischen Teil der Terrarien auf jenseits der Marke von 25 °C erhöht werden.

Wenige Monate alte Jungtiere sollten ebenfalls einige kühle Wochen im Winter verbringen. Die Entscheidung, wie intensiv diese Ruheperiode durchgeführt werden soll, richtet sich nach dem Allgemeinzustand der Tiere. Haben gesunde Exemplare den Sommer über bei optimaler Haltung hochwertige Nahrung gut in Wachstum und Kondition umgesetzt, steht einer vier- bis sechswöchigen Überwinterung bei Temperaturen von 10–12 °C nichts entgegen.

Panzernekrose am Plastron einer weiblichen *Chrysemys picta dorsalis*. Foto: A.S. Hennig

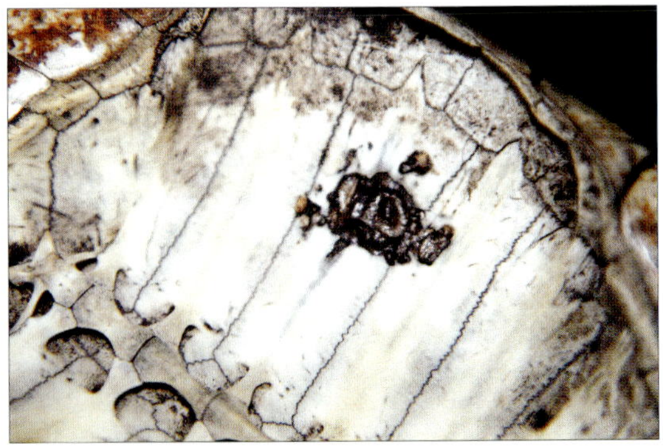

Dieses Männchen von *C. p. dorsalis* hatte zu Lebzeiten eine Nekrose, die sich durch die Knochenplatten des Rückenpanzers fraß. Foto: A.S. Hennig

Krankheiten und Verletzungen

Viele Erkrankungen sind haltungsbedingt. Neben der Heilung des betroffenen Tieres ist es daher wichtig, immer die Haltungsbedingungen kritisch zu hinterfragen und gegebenenfalls zu korrigieren. Förderlich für den Ausbruch von Krankheiten sind Immunschwächen herbeiführende Stresssituationen, vor allem bei unkontrollierter Vergesellschaftung. Grundsätzlich sind erkrankte oder verletzte Zierschildkröten während des Heilungsprozesses einzeln zu halten. Während der Einzelhaltung kann man das Krankheitsbild besser beurteilen, die Futteraufnahme überblicken und den Patientien gezielt mit höherer Temperatur und möglicherweise notwendigen Medikamenten versorgen. Kot kann zweifelsfrei dem erkrankten Tier zugeordnet und zur Untersuchung gegeben werden (HENNIG 2002a). Ist eine veterinärmedizinische Untersuchung notwendig, sucht man eine mit Reptilien erfahrene Tierarztpraxis auf (diese findet man über Hinweise im örtlichen Terrarienverein oder über die „Reptilien-Tierärzteliste" der DGHT, s. Anhang). Bei Echsen, Schlangen und eben Schildkröten unterscheiden sich Krankheitsbilder und -verläufe sowie Reaktionen auf Antibiotikagaben z. T. beträchtlich von Säugetieren. Daher wendet man sich nur an entsprechend ausgebildete oder erfahrene Veterinärmediziner, die den Pfleglingen eine fachkundige Behandlung zukommen lassen. Wichtig ist, dass das Verhalten der Schildkröten richtig eingeschätzt und beim Verdacht auf eine negative Veränderung des Gesundheitszustandes ohne Zögern die entsprechende Tierarztpraxis oder -klinik aufgesucht wird. Zur Vorstellung beim Veterinär werden Angaben zu Art/Unterart, Geschlecht, Herkunft, Haltung und Krankheitsverlauf bereitgehalten. Das rechtzeitige Erkennen von Krankheiten ist notwendige Voraussetzung für den Erfolg des Heilungsprozesses.

Nachfolgend die am häufigsten auftretenden Krankheitsbilder bei Zier-, aber auch Schmuck- (*Trachemys*, *Pseudemys*) und Höckerschildkröten (*Graptemys*), ergänzt um deren mögliche Ursachen.

Erkältung und Lungenentzündung

Symptome sind tränende Augen, pfeifende Atemgeräusche, Maul wird lange offen gehalten, Schleimbildung und -ausfluss aus Nase und Maul (teilweise mit Bläschenbildung), Schrägschwimmen, Tauchprobleme und häufiger Landaufenthalt. Die Ursache liegt häufig im falschen Temperaturhaushalt – die Luft im Aquaterrarium ist dauerhaft kühler als das Wasser. Ein Problem, das immer wieder bei Anfängern auftritt, wenn das Wasser 24 Stunden lang beheizt wird, die Luft aber kaum über Zimmertemperatur hinausgeht, weil statt eines notwendigen Strahlers nur ein Aquariendeckel mit Leuchtstofflampe(n) genutzt werden. Die Tiere befinden sich im warmen Wasser, atmen aber kühle Luft ein, meist in Verbindung mit sehr hoher Luftfeuchtigkeit und keinerlei Möglichkeit, eine hohe Körpertemperatur zu erreichen. Eine weitere Ursache kann Zugluft im Aquaterrarium oder während eines Transportes sein. Zugluft sind die Tiere ebenfalls ausgesetzt, wenn sie den sträflichen und völlig unnötigen Freilauf in der Wohnung bekommen. Auf den Zimmerfußböden herrscht immer ein feiner Luftzug, den wir Menschen nicht sofort spüren, der jedoch verheerende Folgen für unsere wechselwarmen Pfleglinge hat; auch – und das gibt es tatsächlich – ein Missbrauch der Schildkröten als Kuscheltier im Bett (!) ist grundsätzlich indiskutabel.

Abszesse, Geschwüre

Verletzungen, insbesondere Bisswunden, an Hals und Beinen können sich infizieren und dadurch anschwellen. Die deutliche Wölbung ist gut sichtbar, und man fühlt bei leichtem Druck mit dem Finger eine Verhärtung. Im fortgeschrittenenen Stadium bei Abszessen an den Beinen ist die Haut durch das Aufwölben so straff, dass deren feingliedrige, schuppenartige Oberflächenstruktur vollkommen glatt gespannt ist. Ein solches Geschwür unter der Haut ist eine durch Infektion entstandene, abgekapselte Mischung aus Eiter und Gewebe. Ähnliche Erscheinungen treten bei einer Mittelohrentzündung auf; mit einhergehender Eiterbildung kommt es zur massiven Anschwellung an den Kopfseiten (je nach betroffenem Mittelohr).

Haut- und Panzernekrosen

Sie geben sich als weißlich gelbe punktuelle, im schlechteren Fall schon flächige Beläge zu erkennen. Kratzt man die obere Schicht vorsichtig ab, kommt darunter eine nässende, rotbraune Wunde zum Vorschein. Besteht das Problem schon längere Zeit, hat eine Panzernekrose bereits massiv das Knochengewebe befallen; die betroffene Knochenstruktur ist „bröselig". Befinden sich die nekrotischen Flecken am Nagelbett der Krallen, kann es zum Verlust derselben kommen. Nekrosen entstehen aus einer Mischinfektion aus Bakterien und Pilzen, deren schädigende Wirkung mit Verletzungen oder Stressreaktionen der Schildkröten beginnt. Für ungeübte Augen kann es auch nach einer Panzernekrose aussehen, wenn sich unter wachstumsbedingt ablösenden Schildplatten Lufteinschlüsse bilden. Diese schimmern aber in der Regel silbrig und lassen sich nicht einfach mit dem Fingernagel abkratzen. Sie verschwinden, wenn sich der betreffende Schild gelöst und einem darunter nachgewachsenen Platz gemacht hat.

Vitamin-A-Mangel

Sind die Augen fest geschlossenen, weisen sie eine käsige Masse zwischen Hornhaut und Augenlidern auf und treten sie hervor, handelt es sich um die Hypovitaminose A. Sie entsteht bei einseitiger Ernährung mit Futtermitteln, die kein oder kaum

Vitamin A besitzen. Negative Folgen ergeben sich auch für verschiedenste innere Organe mit einer rapiden Verschlechterung des Allgemeinzustandes der Schildkröte (KÖHLER 1996).

Vitamin-A-Überversorgung

Bei der Hypervitaminose A löst sich die Haut blasenartig in großen Stücken ab (nicht zu verwechseln mit dem normalen, wachstumsbedingten Ablösen sehr dünner alter und weißlicher Hautfetzen). Die Ursache liegt in der Überversorgung mit Vitamin A durch Futter bzw. Multivitamingaben oder durch Injektion von Vitamin A bei einem mit Reptilien unerfahrenen Tierarzt (KÖHLER 1996).

Legenot

Findet ein trächtiges Weibchen keinen ihm zusagenden Eiablageplatz oder hat wegen mangelhafter Ernährung keine Kondition für die kräftezehrende Eiablage bzw. bestehen organische Ursachen, kann es zur Legenot kommen. Das betroffene Tier läuft tage- oder gar wochenlang auf dem Landteil und dem Sonnenplatz umher. Inzwischen können weitere Follikel im Körper zur Legereife heranwachsen, ohne dass die schon Wochen zuvor fertig entwickelten Eier abgelegt wurden.

Verletzungen

In der Folge von Beißereien, aber auch von Unfällen, etwa beim Herunterfallen einer Schildkröte, kann es zu blutenden Wunden, Knochen- oder Panzerbrüchen kommen. Ist ein Bein oder ein Fuß gebrochen, hält das Tier die betroffene Extremität ruhig und setzt sie beim Schwimmen nicht aktiv ein; sie kann anschwellen. Exemplare mit offenen Verletzungen müssen so lange einzeln gehalten werden, bis die Wunde komplett verheilt und die neu gewachsene Haut auch die ursprüngliche Färbung wiederbekommen hat. Ansonsten beißen neugierige andere Schildkröten immer wieder in die verheilende, noch rosa bis weißlich gefärbte Stelle. Männchen stülpen im Wasser von Zeit zu Zeit ihren Penis aus. Dieser ist im Verhältnis zur Körpergröße recht groß, und viele unerfahrene Schildkrötenhalter, die dieses Verhalten zum ersten Mal beobachteten, denken spontan an einen extremen Darmvorfall. Tatsächlich ist es aber ein normaler Vorgang, den die männlichen Wasserschildkröten immer wieder zeigen. Gefährlich wird es jedoch, wenn vergesellschaftete Exemplare in den Penis beißen. Wie oben schon erwähnt, schwillt im glimpflichen Fall das Fortpflanzungsorgan an und kann vom Pfleger unter Mitwirkung von kühlem Wasser wieder zurückmassiert werden. Schlimmster Effekt bei einer solchen Bissverletzung sind ein schlechter Heilungsprozess des empfindlichen Organs mit anschließendem Tod des Männchens oder die regelrechte Kastration.

Parasiten

Verschiedene Innenparasiten werden wie in der Natur immer in den Wasserschildkröten zu finden sein. Solange die Schildkröte allgemein gesund und sich aufgrund richtiger Haltung in guter Kondition befindet, werden sie meiner Meinung nach keine schädigende Wirkung entfalten können. Erst bei einem übermäßigen Befall (Klärung bei Kotuntersuchung, s. Anhang) sollte eingeschritten werden. Ektoparasiten dürften, wenn überhaupt bei in Menschenobhut gehaltenen Zierschildkröten, hauptsächlich bei im Freiland gehaltenen Exemplaren zu finden sein. Möglich sind Zecken (Holzböcke). Die meisten in Deutschland heimischen Egel ernähren sich räuberisch von Kleintieren wie Wassermollusken und Regenwürmern. Lediglich der Schildkrötenegel (*Placobdella costata*) ernährt sich von Schildkrötenblut. In Deutschland ist die Art jedoch relativ selten (GROSSER 2002). Die Teiche in unseren Freilandterrarien werden meist von für die Schildkröten ungefährlichen Hundeegeln (*Erpobdella octoculata*) bewohnt.

Altersbedingt oder durch Krankheiten bzw. Verletzungen verendete Tiere sollte man einem naturkundlich ausgerichteten Museum anbieten, erst recht, wenn es sich um Exemplare mit bekanntem Fundort handelt. Der Kadaver wird mit den notwendigen Angaben zu Herkunft, Alter und natürlich der genauen wissenschaftlichen Artbezeichnung weitergegeben.

Paarung und Eiablage

Grundsätzlich muss festgehalten werden, dass männliche Zierschildkröten fast immer paarungsbereit sind. Sie balzen die Weibchen ausdauernd an, verfolgen sie und beißen bevorzugt in die Halsregion. Neben den möglichen Verletzungen (vor allem am Hals) bedeutet dies permanenten Stress für die weiblichen Schildkröten. Daher sind, wie bereits an anderer Stelle des Buches erwähnt, Männchen einzeln zu halten bzw. auf jeden Fall von den Weibchen getrennt unterzubringen. Lediglich zum Verpaaren im Frühjahr und Herbst, aber auch im zeitigen Sommer nach den Eiablagen, werden die Geschlechter für einige Tage vergesellschaftet. Mit dem Ergebnis, dass die Weibchen keinem Dauerstress ausgesetzt und bei einem nur zeitweiligen Hinzusetzen der Männchen wesentlich paarungswilliger sind (vgl. OBST 1995; MEIER 2000). Befinden sich Individuen beider Geschlechter in einem Gewässer respektive Wasserbecken, erkennen sie sich besonders durch olfaktorische (geruchliche) Reize; im Wasser gelöst, werden die abgegebenen Geruchsstoffe in der Natur weit getragen (RUDLOFF 1990). Derselbe Autor weist in diesem Zusammenhang auch auf die permanente Reizüberflutung hin, wenn bei der Schildkrötenhaltung viele Exemplare bzw. Exemplare beider Geschlechter lange Zeit auf engem Raum zusammen gehalten werden.

Kommt es zwischen einer weiblichen und einer männlichen Zierschildkröte zum Sichtkontakt, schwimmt Letztere meist zielstrebig auf das Weibchen zu und beginnt das Balzspiel. Gelegentlich kann es jedoch auch zu Paarungsversuchen ohne vorherige Balz und sogar zu aggressivem Verhalten gegenüber dem Weibchen kommen. So bemühte sich eines meiner Männchen von *C. p. dorsalis* über den Zeitraum von zwei Jahren (zur Verpaarung jeweils für wenige Tage zum Weibchen gesetzt) intensivst um die Gunst der möglichen Partnerin. Diese aber ließ sich nie vom Krallenzittern positiv beeinflussen und flüchtete, dabei den Rückenpanzer zum balzenden Männchen neigend, schnellstmöglich. Immer wieder positionierte dieses sich vor dem Weibchen und streckte die Vorderfüße aus, aber stets quittierte die Geschlechtspartnerin das Verhalten mit Flucht. Im dritten Jahr setzte ich das männliche Exemplar wieder in das Wasserbecken des Weibchens; zielstrebig schwamm es zur Partnerin, aber ohne jedwedes Balzverhalten wurde das Weibchen mit heftigen Bissen traktiert, und das Männchen versuchte aufzureiten. Bevor die Tiere nach wenigen Stunden getrennt wurden – ich fürchtete um die Gesundheit des Weibchens – muss es aber zur erfolgreichen Kopulation gekommen sein, denn erstmals legte dieses Weibchen daraufhin befruchtete Eier. Ein vergleichbares Verhalten konnte ich bisher nur noch bei *C. p. picta* beobachten, wenn das (junge) Männchen fordernd in die Extremitäten oder den Hals der Partnerinnen beißt. Ansätze des Werbens wurden von den Weibchen sofort mit Flucht beantwortet, diese wiederum nutzte das Männchen für Bisse. In jedem Fall empfehle ich, unmittelbar nach einer Vergesellschaftung der Geschlechter das weitere Verhalten nur aus der Entfernung zu beobachten, da sich das bereits an anderer Stelle erwähnte Futterbetteln und die damit zusammenhängende Prägung auf den Pfleger/die Pflegerin nachteilig auf eine erfolgreiche Paarung auswirken könnten. Die Tiere sind in der Erwartung von Futter eventuell abgelenkt, wenn

In diesem Fall zeigte das männliche Exemplar kein anmutiges Balzspiel, sondern verbiss sich sofort in den Hals des Weibchens. Foto: A.S. Hennig

man unmittelbar vor dem Becken stehen bleibt. Werden die männlichen Tiere außerhalb der Paarungszeit von den Weibchen getrennt und mit anderen Wasserschildkröten vergesellschaftet, balzen sie häufig auch gleichgeschlechtliche Zierschildkröten an. So kann es ebenfalls zu Stress bei weniger dominanten Männchen kommen. Aber auch artfremde Wasserschildkröten werden dann umworben: So traktierte bei mir ein Männchen von *C. p. picta* etwa gleich große Cumberland- (*Trachemys scripta troostii*) und Nikaragua-Schmuckschildkröten (*T. emolli*) mit Bissen in die Halsregion. Hier half nur noch die Einzelunterbringung.

Je nach Wachstum der gepflegten Zierschildkröten tritt ähnlich wie in der Natur die Geschlechtsreife ab einer bestimmten Carapaxlänge ein. Ein als Schlüpfling erworbenes Männchen von *C. p. dorsalis* erreichte bei HACKETHAL (1993) im dritten Lebensjahr ca. 7 cm Carapaxlänge sowie 75 g und war so in der Lage, ein Gelege aus fünf Eiern zu befruchten. HELM (schriftl. Mittlg.) erwarb im November 1993 Jungtiere, von denen ein Männchen 1996 eine Carapaxlänge von 7,1 cm hatte und das erste Gelege eines gleichaltrigen Weibchens von 11,4 cm befruchtete. 1998 schlüpfte bei ihm ein Weibchen, das im Mai 2002 ebenfalls 11,4 cm maß, als es sein erstes Gelege absetzte. Eines meiner als Schlüpfling im Herbst 1990 erworbenen Weibchen vergrub vier Jahre später mit einer Carapaxlänge von 11,8 cm das erste Gelege. Ein 1997 geschlüpftes Weibchen von *C. p. dorsalis* legte bei MEINHARDT (schriftl. Mittlg.) 2001 das erste Gelege; die Plastronlänge betrug zu diesem Zeitpunkt 9,4 cm. Das Weibchen von *C. p. picta* beim selben Halter vergrub erstmals mit einer Plastronlänge von 13 cm drei Eier (Eilänge jeweils ca. 18 mm). Nach der Ablage war es 473 g schwer. Bei SYMANSKI (pers. Mittlg.) legte ebenfalls ein Weibchen von *C. p. picta* im Alter von drei Jahren in einem Gelege die ersten drei Eier; die Carapaxlänge betrug 11,5 cm. 1995er Nachzuchten von *C. p. bellii* bei HELM (schriftl. Mittlg.) legten Eier erstmals im Frühjahr 2000 (Carapaxlängen 13,7 bzw. 12,8 cm; Gewicht 406 bzw. 230 g).

Hat das Weibchen legereife Eier ausgebildet, sucht es einen geeigneten Eiablageplatz. In der

Tab. 13: Carapaxlängen von erstmals Eier legenden Weibchen

Unterart (CL in cm)	Erste Eiablage
picta	11,5
marginata	12,3
dorsalis	11,4
bellii	12,8

Natur bieten sich meist im Umkreis von mehreren hundert Quadratmetern Auswahlmöglichkeiten für das Vergraben des Geleges. Im Aquaterrarium steht vergleichsweise nur ein winziger Bruchteil der Fläche zur Verfügung. Umso intensiver sollte man sich um eine hohe Qualität des potenziellen Eiablageplatzes bemühen; er muss den Anforderungen der Weibchen genügen. Das setzt feuchtes und ausreichend warmes Substrat voraus. Am besten ist ein Landteil mit unterschiedlich temperierten Zonen. So können die Tiere zwischen mehreren Temperaturbereichen wählen und eine bevorzugte Substratqualität heraussuchen. Ich erreiche dies durch einen zusätzlich installierten Spotstrahler über dem Landteil. Im Kernbereich des Strahlers ist es am wärmsten, zu den Randbereichen hin nimmt die Substrattemperatur ab. Eine praktische Methode beschreibt MEIER (1997) mit seinem Einsatz von Heizmatten: An einem Ende des Landteils senkrecht installiert, wurden auf diese Weise Temperaturstufen im Bodengrund erreicht. Von den Schildkröten bevorzugt wurden die Bereiche zwischen 30 und 35 °C. In meiner Praxis habe ich diese Variante auch erfolgreich angewandt, nur mit dem Unterschied, dass ich statt einer Heizmatte ein Heizkabel nutzte. Als Substrat im Landteil verwende ich Sand. Diesen feuchte ich an, bis er locker grabfähig ist. Er darf nicht staubtrocken und auch nicht tropfnass sein. In beiden Fällen werden ihn die Weibchen nur selten als Eiablageplatz akzeptieren. Daher wird er lediglich angefeuchtet und stellt mit den beschriebenen Temperaturbereichen ein gutes Substrat für legewillige Weibchen dar. Unterschiedliche Feuchtigkeitsgrade erreiche ich bei großflächigeren Landteilen auch durch tropische Pflanzen, in deren Wurzelbereich es bei regelmäßigem Gießen immer etwas feuchter ist (HENNIG 2002a). Hält der

Landteil den Ansprüchen des Weibchens nicht stand, nimmt es ihn nicht an und legt die Eier auf der Oberfläche des Substrates oder sogar im Wasser ab. Dies ist ein eindringlicher Hinweis darauf, dass die Qualität des vorgesehenen Eiablageplatzes überprüft und optimiert werden muss. Im schlimmsten Fall hält das Weibchen die Eier zurück und leidet an Legenot. Findet das Weibchen dagegen einen ihm zusagenden Platz für die Eier, hebt es mit den Hinterbeinen eine bis maximal 13 cm tiefe Nistgrube aus. Ein von der üblichen Grabweise abweichendes Verhalten zeigte eines meiner Weibchen von *C. p. marginata*. Kaum 14 cm groß, grub es ein Loch, das fast so tief war wie sein Panzer lang, bei einem noch größeren Durchmesser an der Oberfläche. Anschließend wurde diese Grube komplett verschlossen. NATHS (schriftl. Mittlg.) hielt die Zeitdauer fest, die Weibchen von *C. p. marginata* zum Anlegen der Nistgrube benötigten: Eines seiner Tiere ging um 18.30 Uhr auf den Landteil und suchte diesen zunächst 5 min lang nach einer geeigneten Stelle ab. Nach weiteren 40 min war die Nistgrube so weit fertig, dass die Schildkröte das erste Ei darin deponierte. Zunächst lag es jedoch quer auf der Grubenöffnung, sodass das Weibchen das Ei mit einer kurzen Hinterfuß-Bewegung in die Grube stupsen musste. 13 min nach dem ersten Ei folgte das nächste. Weitere wurden von dem 12,3 cm Carapaxlänge messenden Tier nicht gelegt, und es begann nach einer kurzen Erholungspause mit dem Zuschütten des Geleges. Dabei drückte es das Substrat zwischendurch mit den Hinterfüßen fest. Um 20.17 Uhr lief das Weibchen noch ein paar Mal über die verschlossene Nistgrube, verharrte einige Minuten auf dem Landteil und kehrte dann wieder ins Wasser zurück. Meine Weibchen von *C. p. dorsalis* benötigen für den gesamten Prozess in der Regel zwei bis zweieinhalb Stunden; je nach Weibchen erfolgt das Anlegen der Nistgruben nicht nur in den Abend-, sondern auch Morgenstunden (bis max. 9.00 Uhr). Bei HACKETHAL (1993) hatten die Weibchen keine bevorzugte Tageszeit für die Eiablage. Kommt es mehrfach in einer Brutsaison zur Ablage, beträgt der Abstand zwischen den Gelegen mindestens 14, höchstens 54 Tage. Häufig beträgt die Zeitspanne 14–22 Tage. Die Eigrößen von in Deutschland gehaltenen Zierschildkröten liegen zwischen 28,5 x 17,5 und 40,5 x 17,0 mm bei *C. p. dorsalis*, 28,9 x 18,3 und 33,9 x 18,4 mm bei *C. p. bellii* sowie 29,5 x 17,0 und 35,0 x 17,0 mm bei *C. p. marginata*; zu *C. p. picta* liegen derzeit keine verwertbaren Daten vor (Auswertung nach eigenen Aufzeichnungen sowie Angaben von GLASER, HELM, HÖFLER-THIERFELDT & THIERFELDT, NATHS). Das Ablegen der ersten Eier in einer jeden Brutsaison erfolgt – unabhängig von der Unterart – meist Ende April. Werden die Weibchen zu diesem Zeitpunkt schon im nicht geschützten Teich gehalten, verzögert sich eine mögliche Eiablage in der Regel bis mindestens Juni.

Tab. 14: Gelegegrößen von in Menschenobhut gehaltenen *Chrysemys picta dorsalis*

Anzahl der Gelege mit	n = 75
2 Eiern	7
3 Eiern	14
4 Eiern	18
5 Eiern	20
6 Eiern	7
7 Eiern	7
8 Eiern	1
9 Eiern	1

Quellen: DÜLLO (1994); GLASER (schriftl. Mittlg.); HACKETHAL (1993); HELM (schriftl. Mittlg.); HENNIG (eigene Aufzeichnungen); HUMMEL et al. (2000); MEINHARDT (schriftl. Mittlg.); WALZ (1998); WIARDA (schriftl. Mittlg.)

Inkubation

Konnte eine Eiablage auf dem Landteil registriert werden, wird die Grube unter größter Vorsicht geöffnet. *Chrysemys*-Eier sind weichschalig und daher leicht zu beschädigen. Ohne die Eier zu drehen, werden sie in einen mit Brutsubstrat (s. u.) gefüllten Pastikbehälter (Haushaltsdose, Futtertierbox o. Ä.) gebettet. Für eine bessere Übersicht sollte die Oberseite der Eier mit einer Kennung (Ablagedatum, Name oder Nummer des Weibchens) mittels Bleistift vorsichtig markiert werden. Schlüpft eine Schildkröte im Inkubator und läuft über die dort noch befindlichen Eier, kann sie sie verdrehen. Wird dies entdeckt, können die Eier mit Hilfe der Markierungen wieder in ihre ursprüngliche Lage geführt werden. Bekannt ist,

Auch mit dem Pflanzgranulat Seramis inkubierte ich erfolgreich Zierschildkrötengelege. Foto: A.S. Hennig

dass ein Verdrehen befruchteter Land- und Wasserschildkröteneier zum Absterben des Keimes führt; die im Ei ursprünglich oben auf dem Dotter liegende Keimscheibe wird nach unten verschoben und stirbt ab. FELDMAN (1983) hielt jedoch fest, dass ein Drehen der von ihm untersuchten Schildkröteneier in den ersten sieben Wochen der Inkubation nur wenig Einfluss auf den Schlupferfolg hatte. Weitere, diese Aussage unterstützende Arbeiten sind jedoch nicht bekannt. Aber zurück zu den aus der Nistgrube geborgenen Eiern: Hat man sie in einen passenden Behälter gelegt, wird dieser in den vorbereiteten Inkubator überführt. Ich nutze für verschiedenste Wasser- und Sumpfschildkrötenarten erfolgreich einen selbst gebauten Brutapparat nach BUDDE (1980), dessen Aufbauprinzip im Vergleich mit anderen Brutmethoden auch sehr gut bei KÖHLER (1997) und MÄHN (2000) nachvollzogen werden kann. Man füllt ein Vollglasbecken etwa 10 cm hoch mit Wasser auf (je nach Verdunstung muss ggf. während der Brutdauer Wasser nachgefüllt werden). Nun wird entweder über dem Wasserspiegel ein Glassteg installiert oder in das Wasser schlicht ein Ziegelstein gelegt. Darauf platziert man die Eibehälter. Abgedeckt wird der Inkubator am besten mit einer Glasscheibe. Wichtig ist, dass über den Eibehältern eine schräg liegende Glas- oder sich nicht durchbiegende Plexiglasscheibe ruht, damit sich an der Abdeckung niederschlagendes Kondenswasser nicht auf die Eier tropft. Die für die Bebrütung erforderliche Temperatur wird über einen Heizstab im Wasserbad oder eine unter dem Inkubator liegende Heizmatte erreicht. Aquarienheizstäbe neuerer Produktion besitzen am oberen Ende einen Reglerknopf und die dazugehörige Temperaturskala, wo bis auf das halbe Grad genau die gewünschte Temperatur eingestellt werden kann. Dennoch ist auf Höhe der Eier für Kontrollzwecke ein Thermometer zu legen, um abweichende Werte feststellen und entsprechend reagieren zu können. Nutzt man eine Heizmatte als Wärmequelle, ist ein separater Thermostat im Inkubator notwendig, der als Grundlage für eine Temperatursteuerung dient. Als Standort für den Brutapparat eignet sich ein schattiger Platz im Zimmer, nie in Fensternähe, damit er sich nicht durch Sonneneinstrahlung unkontrolliert aufheizt. Aus ähnlichen Gründen wird ein Inkubator auch nicht neben der Raumheizung aufgestellt.

Die weichschaligen Eier reagieren empfindlich auf zu hohe oder zu geringe Substratfeuchte. Ist sie zu niedrig, fällt das Ei ein, und der Embryo kann absterben, im Falle einer zu hohen Substrat-

Mit Vermiculit als Brutsubstrat erzielte ich bisher gute Ergebnisse. Foto: A.S. Hennig

Geöffnete Inkubatoren bei A. Glaser: Die Aquarienheizstäbe erwärmen die Wasserbäder und sorgen für eine hohe Luftfeuchtigkeit. Foto: A. Glaser

feuchte wird zu viel Wasser aufgenommen, und das Ei wird extrem prall und kann platzen (MÄHN 2000). Ich habe für Zierschildkröten-Eier in der Vergangenheit erfolgreich das Pflanzgranulat Seramis und in jüngerer Zeit grobkörniges Vermiculit (Körnung 2–4 mm) verwendet. Die Eier bette ich in flache Mulden dieses Substrats. Ich feuchte das Vermiculit an und presse durch sanften Druck überschüssiges Wasser heraus. Für die Inkubation von Schildkröteneiern wurden bisher auch Torf-Erde- oder Sand-Torf-Gemische, Moos, Perlit (ein Dämmmaterial wie Vermiculit) sowie Schaumstoffwürfel verwendet. Insbesondere bei der Verwendung von Seramis empfinde ich es als bedeutsam, dass die Eibehälter an den Seiten kleine Löcher erhalten. Sie ermöglichen das Ablaufen überschüssigen Wassers, das bei hoher Luftfeuchte vom gesättigten Substrat nicht mehr aufgenommen wird. Die Luftfeuchtigkeit im Brutapparat sollte für Zierschildkröteneier bei etwa 95 % liegen. Während der Inkubationszeit werden die Eier regelmäßig kontrolliert, um abgestorbene oder verpilzte Exemplare auszusortieren, natürlich auch zur Entnahme der Schlüpflinge, die dann in die bereit gestellten Aufzuchtbecken gesetzt werden. Praktisch für die Kontrollzwecke ist eine Abdeckung aus Glas, die ein Betrachten der Eier ohne ständiges Öffnen und die damit verbundenen Temperaturabstürze im Inkubator erlaubt. Die Inkubation von Eiern von *C. p. dorsalis* dauert bei Temperaturen um 30 °C 41–45 Tage, bei schwankenden Wärmegraden zwischen 25 und 30 °C rund 57–65 Tage und bei lediglich 25 °C etwa 103 Tage. Eier von *C. p. bellii* benötigen bei 32 °C zwischen 42 und 45 Tage, 52 Tage bei 29–30 °C sowie bis zu 62 Tage bei einem 12-Stunden-Rhythmus 26/29 °C. 57 Tage brauchen Eier von *C. p. marginata*, wenn sie bei Temperaturen zwischen 28 und 31 °C bebrütet werden, Schlüpflinge von *C. p. picta* verlassen, bei 29 °C inkubiert, nach 52 Tagen die Eier (DÜLLO 1994; HACKETHAL 1993; HUMMEL et al. 2000; WALZ 1998; schriftl. Mittlg. von HELM, HÖFLER-THIERFELDT & THIERFELDT, NATHS; eigene Aufzeichnungen). Beachtenswert ist die Tatsache, dass bei sehr hohen Temperaturen häufig Jungtiere mit großem Dottersack schlüpfen und im Vergleich mit kühler erbrüteten Artgenossen weniger vital erscheinen. Meine Schildkröteneier erbrüte ich deshalb weitestgehend bei schwankenden Temperaturen. So erhalte ich in der Regel – gut konditionierte Muttertiere vorausgesetzt – vitale Schlüpflinge mit maximal erbsen- oder linsengroßen Dottersäcken. Man muss sich vergegenwärtigen, dass die Gelege in der Natur mindestens Tag- und Nachtschwankungen und zudem wetterbedingten Temperaturänderungen ausgesetzt sind. Allerdings kann man dann bei der Inkubation unter nicht konstanten Bruttemperaturen um den Scheitelpunkt herum keinen aktiven Einfluss auf die Geschlechter der Zierschildkröten ausüben. Wird dies aber gewünscht, sollten praktischerweise zwei Inkubatoren genutzt werden – einer mit niedrigen Wärmegraden für Männchen, ein weiterer mit den notwendigen höheren Werten für Weibchen (siehe Kapitel Lebensraum und Lebensweise).

MEINHARDT (schriftl. Mittlg.) berichtet von einer Zwillingsbildung bei seinen Nachzuchten von *C. p. dorsalis*. Am Dottersack eines normal entwickelten, kräftigen Schlüpflings hing ein unvollständig entwickelter Zwilling. Dieser war nicht lebensfähig und fiel innerhalb von drei Tagen ab.

Schlupf und Aufzucht der Jungtiere

Sind die kleinen Schildkröten so weit im Ei entwickelt, dass sie schlüpfen können, ritzen sie mit der am vorderen Kopfende befindlichen Eischwiele die Schale an. Die Carapaxlänge beträgt zu diesem Zeitpunkt im Durchschnitt 23–26 mm, das Gewicht liegt zwischen 2,5 und 4 g. Nach meinen Beobachtungen verlassen einige Schlüpflinge die Eier dann bereits nach wenigen Stunden, viele verweilen aber noch zwei bis drei Tage im geöffneten Ei. Bei hohen Temperaturen erbrütete Zierschildkröten mit großem Dottersack tendieren dazu, länger im offenen Ei zu verweilen als schlüpfende Babys mit bereits kleinem (max. linsengroßem) Dottersack. Besitzen die Tiere einen noch mehr als erbsengroßen Dottersack, setze ich sie zunächst separat in kleine Gefäße (beispielsweise Plastikboxen, 25 x 25 cm Grundfläche) mit flachem Wasserstand (ca. 5 cm) und mehreren Pflanzenranken wie Hornkraut, Wasserpest oder Pfennigkraut als Versteckmöglichkeit. So besteht keine Gefahr, dass der Dottersack durch Einrichtungsgegenstände wie Korkstücke, Wurzeln o. Ä. aufgerissen oder gar von vergesellschafteten Jungtieren beschädigt wird. Wurde der Dottersack (weitestgehend) resorbiert, also eingezogen, erfolgt das Umsetzen in die Aufzuchtbecken (60 x 30 x 30 cm). Der Wasserstand beträgt hier ca. 20 cm. Die Jungtiere kommen damit – die Möglichkeit zum Aufwärmen vorausgesetzt – problemlos zurecht. Neben der wie in den anderen Aquaterrarien installierten Technik gestalte ich die Becken so, dass zahlreiche Versteckmöglichkeiten entstehen (ein Sonnenplatz findet natürlich auch Berücksichtigung). Am einfachsten geht dies mit Wasserpflanzenbündeln. Ich gehe davon aus, dass sich juvenile Zierschildkröten in der Natur bevorzugt in sich schnell erwärmenden und verkrauteten Kleinstgewässern, den pflanzenreichen Flachwasserbereichen oder zumindest in den stark verkrauteten Abschnitten größerer Gewässer aufhalten. Hier finden sie im Pflanzendickicht Schutz vor Fressfeinden und auch große Mengen an Nahrung in Form von einer Vielzahl an Wirbellosen. Verlassen sie dagegen die schützende Deckung und schwimmen sie im offenen Wasser, ist die Gefahr groß, schneller zur Beute beispielsweise von Fischen, im bzw. am Wasser lebenden Reptilien oder Vögeln zu werden. Hier liegt auch die mögliche Antwort auf eine Frage vieler Anfänger in der Wasserschild-

Schlupf einer Südlichen Zierschildkröte: Zunächst ritzt der Schlüpfling die weiche Eischale an, vergrößert den Riss und steckt schon mal den Kopf heraus. Fotos: A.S. Hennig

Das Ei wird jedoch noch nicht verlassen, und das Jungtier (beachte die Schildanomalie) dreht sich zunächst, um erst dann die schützende Eihülle zu verlassen. Das abgebildete Tier wurde bei konstant hohen Temperaturen erbrütet und weist daher beim Schlupf einen noch recht großen Dottersack auf. Fotos: A.S. Hennig

krötenhaltung: Diese wundern sich, dass ihre neu erworbenen jungen Pfleglinge häufig regungslos in den Verstecken unter Pflanzen, Wurzeln u. Ä. liegen und nur kurze Zeit aktiv das Wasserbecken durchschwimmen – es ist ganz schlicht eine „Vorsichtsmaßnahme" der kleinen Schildkröten. Daher lege ich Grünes wie Wasserpest, Hornkraut oder Javamoos in das Aufzuchtbecken. Die Jungtiere verstecken sich darin und erbeuten dort kleine Futtertiere oder -stücke. Möglich ist auch die Entnahme von Pflanzen aus dem Gartenteich. Zwischen den Blättern und in den Wurzeln sitzen vielerlei Klein- und Kleinsttiere, die unseren Zierschildkröten als Nahrung dienen. Einziger Nachteil von eingesetzten Pflanzen: Je nach Art und Qualität kann es zum Faulen der eingesetzten Flora kommen, die ein Auswechseln bzw. Entfernen innerhalb weniger Tage notwendig macht. Auch kann es beim Einsatz eines Filters schnell zum Zusetzen der Ansaugöffnungen durch Pflanzenteile kommen. Ansonsten gelten für die Aufzucht von juvenilen Zierschildkröten die gleichen Kriterien wie bei der Haltung von Alttieren, insbesondere was Lichtqualität, abwechslungreiches Futterangebot und Vermeidung von Stresssituationen durch dominante Exemplare anbelangt. Eine Vergesellschaftung mit anderen juvenilen Wasserschildkröten ist durchaus möglich, bei mir bewährte sich z. B. die gemeinsame Aufzucht von *C. p. dorsalis* mit etwa gleich großen Jungtieren der Gewöhnlichen Moschusschildkröte (*Sternotherus odoratus*), Dach-Moschusschildkröte (*S. carinatus*), Rotbauch-Spitzkopfschildkröte (*Emydura subglobosa*) oder auch McCords Schlangenhalsschildkröte (*Chelodina mccordi*).

Anhang

Zierschildkröten im Internet

Computer und Internetanschluss vorausgesetzt, ist das WWW ein schnell greifbares Medium für Informationen unterschiedlichster Qualität. So gibt es mehrere deutschsprachige private Homepages, die die persönlichen Erfahrungen und das Wissen der im Web präsenten Schildkrötenhalter widerspiegeln. Andere Homepages stehen auf weniger fundierten Füßen. So ist man gut beraten, mehrere Seiten miteinander und vor allem mit aktueller Fachliteratur zu vergleichen. Es gibt leider weder einen offiziellen Qualitätsmaßstab noch eine Kontrolle für die dargebotenen Informationen im Internet. So kann jede Person, egal ob fachkundig oder nicht, eine Homepage ins Netz stellen. Die Spannbreite reicht von fundierten Haltungs- und Zuchtberichten bis hin zu haarsträubenden Aussagen, die jedweden Sachverstand vermissen lassen. Empfehlenswert ist ein Blick auf die Websites der Schildkrötenorganisationen (Adressen siehe unten). Auf deren Linkseiten finden sich Verknüpfungen und Hinweise auf gute Homepages von Privatpersonen. Überaus nützlich sind Suchmaschinen, allen voran Google (www.google.de): Der Eintrag „Chrysemys picta“ bringt dort über 4.300 Einträge von weltweit verstreuten Websites, „Chrysemys“ allein ergibt sogar über 6.600 Resultate (Stand Sept. 2002). Besonders interessant sind dabei die Seiten von Universitäten, Forschungseinrichtungen und feldherpetologischen Organisationen aus dem Verbreitungsgebiet der Zierschildkröten. Hier gibt es Funddaten, Museumsbestandslisten, Informationen zur Lebensweise u. v. m. Eine interessante Auswahl solcher WWW-Adressen steht im Abschnitt über die im vorliegenden Buch verwendeten Internetquellen.

a) Zeitschriften

REPTILIA
Terraristik-Fachmagazin
Herausgeber: Natur und Tier - Verlag GmbH,
An der Kleimannbrücke 39, D-48157 Münster,
Tel.: 0251/1 33 39-0 Fax: 0251/1 33 39 33
E-Mail: verlag@ms-verlag.de, www.ms-verlag.de
Erscheinungsweise: zweimonatlich

DRACO
Terraristik-Themenheft
Bezug wie REPTILIA
Erscheinungsweise: dreimonatlich

***elaphe*, Salamandra**
Zeitschriften der DGHT (s. u.),
die alle Mitglieder kostenlos erhalten
Erscheinungsweise: vierteljährlich

Radiata, Minor
Mitglieder-Zeitschriften der DGHT-AG Schildkröten (s. u.), die sich ausschließlich mit Schildkröten beschäftigen.

DATZ
Aquarien- und Terrarienzeitschrift
Herausgeber: Verlag Eugen Ulmer GmbH & Co.,
Postfach 700561, D-70574 Stuttgart
Erscheinungsweise: monatlich

Sauria
Terraristikzeitschrift
Herausgeber: Terrariengemeinschaft Berlin e.V.
Geschäftsstelle: Barbara Buhle,
Planetenstr. 45, D-12105 Berlin
Erscheinungsweise: vierteljährlich

herpetofauna
Terraristikzeitschrift
Herausgeber: herpetofauna-Verlags GmbH,
Römerstr. 21, D-71384 Weinstadt
Erscheinungsweise: zweimonatlich

b) Vereinigungen

Deutsche Gesellschaft für Herpetologie und Terrarienkunde e. V. (DGHT)
Geschäftsstelle, Postfach 1421, D-53351
Rheinbach, Tel.: 02225-703333 Fax: 02225-703338
E-Mail: gs@dght.de, www.dght.de
In der DGHT gibt es zahlreiche Regional- und Stadtgruppen in Deutschland, Österreich und der Schweiz. Hier finden in der Regel interessante Diavorträge zu verschiedenen terraristischen Themen statt, und man bekommt Kontakt zu anderen Terrarianern, vom Anfänger bis zum Experten.

AG Schildkröten in der Deutschen Gesellschaft für Herpetologie und Terrarienkunde e. V.
für die aktuelle Kontaktadresse wenden Sie sich bitte an die DGHT-Geschäftsstelle
E-Mail: radiata-ag@gmx.de,
Web: www.ag-schildkroeten.de

Schildkröten-Interessengemeinschaft Schweiz (SIGS)
Postfach 2, CH-8225 Siblingen,
E-Mail: info@ sigs.ch, Web: www.sigs.ch

Österreichische Gesellschaft für Herpetologie (ÖGH)
c/o Naturhistorisches Museum Wien, Herpetologische Sammlung, Postfach 417, Burgring 7,
A-1014 Wien, E-Mail: heinz.grillitsch@nhm-wien.ac.at, Web: www.nhm-wien.ac.at/nhm/herpet/index.htm

Schildkrötenfreunde Österreich (SFÖ)
Maria Ponsee 32, A-3454 Sitzenberg-Reidling,
E-Mail: 113142.3232@compuserve.com,
Web: www.sfoe.at

Nederlandse Schildpadden Vereniging (NSV)
Lumeystraat 11c, NL-3039 ZM Rotterdam,
E-Mail: voorzitter@schildpaddenvereniging.org,
Web: www.schildpaddenvereniging.org

c) Tierärzte und Untersuchungsstellen für Kotproben, Abstriche, verendete Tiere etc.

Die DGHT (s. oben) unterhält eine Liste mit Tierärzten, die sich mit Reptilien beschäftigen. Kotproben, Sektionen und andere Untersuchungen können von solchen Ärzten oder von veterinärmedizinischen Untersuchungsstellen, die es in vielen Städten gibt, vorgenommen werden. Überregional bekannt sind folgende Einrichtungen:

1. Exomed, Am Tierpark 64, D-10319 Berlin
2. Universität München, Institut für Zoologie, Fischereibiologie und Fischkrankheiten der tierärztlichen Fakultät, Kaulbachstr. 37, D-80539 München
3. Justus-von-Liebig-Universität Gießen, Institut für Geflügelkrankheiten, Frankfurter Str. 87, D-35392 Gießen.
4. GEVO Diagnostik, Jakobstr. 65, D-70794 Filderstadt

Chrysemys picta marginata Foto: M. Schmidt

d) Literatur

Ackermann, T. (2002): Planung, Bau und Einrichtung eines Wüstenterrariums. – DRACO, Münster, 3(2): 26–40.

Adler, K.K. (1968): Turtles from archeological sites in the Great Lakes region. – Michigan Archaeol., 14: 147–163.

Antenbrink-Vetter, S. & H. Vetter (1997): Schildkröten-Lexikon IV/97 Zierschildkröten – Chrysemys. – Schildkröten, Linden, 4(4).

Arbeitskreis Schmuckschildkröten (2001): Kontrollierte Freilandhaltung nordamerikanischer Schmuckschildkröten. – Merkblatt der DGHT-AG Schildkröten.

Artner, B. (1998): Eine neue Variante des Gelatinefutterpuddings für Wasserschildkröten. – Emys, Sitzenberg-Reidling, 5(3): 20–22.

Barbour, R.W. (1971): Amphibians and Reptiles of Kentucky, Kentucky Nature Studies: 2. – Lexington (Univ. Press of Kentucky), 334 S.

Bayless, L.E. (1975): Population parameters for *Chrysemys picta* in a New York pond. – Amer. Midl. Natur., Notre Dame, 93: 168–176.

Belkin, D.A. & C. Gans (1968): An unusual chelonian feeding niche. – Ecology, Washington, 49(4): 768–769.

Bergman, E., B. Hill, C. Montgomery, J. Hobert, S. Boback & S.P. Mackessy (1997): Geographic distribution: *Chrysemys picta belli*. – Herp. Rev., St. Louis, 28(1): 49.

Bider, J.R. & W. Hoek (1971): An efficient and apparently unbiased sampling technique for population studies of painted turtles. – Herpetologica, Emporia, 27: 481; b2484.

Bidmon, H.-J. (2001): Regulation der Ruhephasen bei Schildkröten: Was ist bekannt und welche Konsequenzen ergeben sich für die erfolgreiche Haltung? – Radiata, Haan, 10(4): 3–19.

Bleakney, J. S. (1958a): The significance of turtle bones from archaeological sites in southern Ontario and Quebec. – Can. Field-Natur., Ottawa, 72: 1–5.

– (1958b): Postglacial dispersal of the turtle *Chrysemys picta*. – Herpetologica, Emporia, 14: 101–104.

– (1963): Notes on the distribution and life historys of turtles in Nova Scotia. – Can. Field-Natur., Ottawa, 77(2): 67–76.

Boback, S., S. Link, C. Montgomery, J. Hobert, E. Bergman, B. Hill & S.P. Mackessy (1996): Geographic distribution: *Chrysemys picta belli*. – Herp. Rev., St. Louis, 27(4): 210.

Breitenbach, G.L., J.D. Congdon & R.C. van Loben Sels (1984): Winter temperatures of *Chrysemys picta* nests in Michigan: Effects on hatchling survival. – Herpetologica, Emporia, 40(1): 76–81.

Bremer, H. (1985): Futter für Aquarienfische. – Leipzig, Radebeul (Neumann Verlag), 70 S.

– (1997): Aquarienfische gesund ernähren. – Stuttgart (Verlag Eugen Ulmer), 191 S.

Brown, E.E. (1992): Notes on amphibians and reptiles of the western piedmont of North Carolina. – J. Elisha Mitchell. Sci. Soc., Raleigh, 108: 38–54.

Budde, H. (1980): Verbesserter Brutbehälter zur Zeitigung von Schildkrötengelegen. – Salamandra, Frankfurt/M., 16(3): 177–180.

Bundesministerium für Ernährung, Landwirtschaft und Forsten (1997): Mindestanforderungen an die Haltung von Reptilien. – Bonn.

Buskirk, J. (2002): Die Pazifik-Wasserschildkröte, *Emys marmorata*. – Radiata, Haan, 11(3): 3–30.

Cagle, F.R. (1954): Observations on the life cycles or painted turtles (genus *Chrysemys*). – Amer. Midl. Natur., Notre Dame, 52(1): 225–235.

Cahn, A.R. (1937): The turtles of Illinois. – Illinois Biol. Monograph, Urbana, 16: 1–218.

Callard, I.P., G.V. Callard, V. Lance & S. Eccles (1976): Seasonal changes in testicular structure and function and the effects of gonadotropins in the freshwater turtle, *Chrysemys picta*. – Gen. Comp. Endocrinol., San Diego, 30: 347–356.

Carr, A.F. (1952): Handbook of Turtles. Turtles of the United States, Canada, and Baja California. – Ithaca, N.Y. (Comstock Publ. Assoc., Cornell Univ. Press), 542 S.

Christens, E. & J.R. Bider (1987): Nesting activity and hatching success of the painted turtle (*Chrysemys picta marginata*) in southwestern Quebec. – Herpetologica, Emporia, 43(1): 55–65.

Christiansen, J.L. & E.O. Moll (1973): Latitudinal reproductive variation within a single subspecies of painted turtle, *Chrysemys picta bellii*. – Herpetologica, Emporia, 29: 152–163.

Collins, J.T. (1982): Amphibians and Reptiles in Kansas. – 2. Aufl., Publ. Ed. Ser. (Univ. Kansas Mus. Nat. Hist.), Nr. 8, 356 S.

Conant, R. & J.T. Collins (1998): A Field Guide to Reptiles and Amphibians Eastern and Central North America. – New York (Houghton Mifflin Company), 616 S.

Congdon, J.D. & D.W. Tinkle (1982): Reproductive Energetics of the Painted Turtle (*Chrysemys picta*). – Herpetologica, Emporia, 38: 228–237.

– & R.E. Gatten (1989): Movements and energetics of nesting *Chrysemys picta*. – Herpetologica, Emporia, 45: 94–100.

Constanzo, J.P., J.D. Litzgus, J.B. Iverson & R.E. Lee (2001): Cold-Hardiness and Evaporative Water Loss in Hatchling Turtles. – Physiol. Biochem. Zool., Chicago, 74(4): 510–519.

David, P. (1994): Liste des reptiles actuels du monde. I. Chelonii. – Dumerilia (Vol. 1): 7–127.

de Saint-Paul, A., I. Brand & W. Schmidt (2001): Amphibien am Gartenteich. – Münster (Natur und Tier - Verlag), 104 S.

Degenhardt, W.G. & J.L. Christiansen (1974): Distribution and habits of turtles in New Mexico. – Southwest. Nat., Stillwater, 19(1): 21–46.

–, C.W. Painter & A.H. Price (1996): Amphibians and Reptiles of New Mexico. – Albuquerque (University of New Mexico Press), 504 S.

Dennert, C. (1997): Untersuchungen zur Fütterung von Schuppenechsen und Schildkröten. – Diss. Tierärztl. Hochschule Hannover, 189 S.

– (2001): Ernährung von Landschildkröten. – Münster (Natur und Tier - Verlag), 144 S.

DePari, J.A. (1996): Overwintering in the Nest Chamber by Hatchling Painted Turtles, *Chrysemys picta*, in Northern New Jersey. – Chel. Cons. Biol., Lunenburg, (2): 5–12.

Düllo, C. (1994): Beobachtungen bei der Haltung und Nachzucht von *Chrysemys picta dorsalis*. – elaphe (N.F.), Rheinbach, 2(1): 30–33.

Ernst, C.H. (1967): Intergradation Between the Painted Turtles *Chrysemys picta picta* and *Chrysemys picta dorsalis*. – Copeia, Lawrence, (1): 131–136.

– (1969): Natural history and ecology of the painted turtle, *Chrysemys picta* (Schneider). – Ph. D. Diss., University of Kentucky, 202 S.

– (1970a): The status of the Painted Turtle, *Chrysemys picta*, in Tennessee and Kentucky. – J. Herpetol., St. Louis, 4(1–2): 39–45.

– (1970b): *Chrysemys picta* and its parasites. – J. Int. Turtle Tortoise Soc., 4(3): 28–30.

– (1971a): Observations of the painted turtle, *Chrysemys picta*. – J. Herpetol., St. Louis, 5(3/4): 216–220.

– (1971b): Population dynamics and activity cycles of *Chrysemys picta* in southeastern Pennsylvania. – J. Herpetol., St. Louis, 5: 151–160.

– (1971c): Sexual cycles and maturity of the turtle *Chrysemys picta*. – Biol. Bull., Woods Hole, 140: 191–200.

– (1972): Temperature-activity relationships in the painted turtle, *Chrysemys picta*. – Copeia, Lawrence: 217–222.

– (1990): Systematics, taxonomy, variation, and geographic distribution of the slider turtle: 57–67. – In: Gibbons, J. W. (Hrsg.): Life history and ecology of the Slider turtle. – Washington (Smithsonian Inst. Press), 368 S.

– & B.S. McDonald jr. (1989): Preliminary report on enhanced growth and early maturity in a Maryland population of Painted turtles, *Chrysemys picta*. – Bull. Maryland Herpetol. Soc., Baltimore, 25: 135–142.

– & E.M. Ernst (1973): Biology of *Chrysemys picta bellii* in Southwestern Minnesota. – J. Minn. Academy Sci., 38(2/3): 77–80.

– (1980): Relationships between North American turtles of the *Chrysemys* complex as indicated by their endoparasitic helminths. – Proc. Biol. Soc. Washington, 95: 339–345.

– & J. H. Fowler (1977): Taxonomic status of the turtle, *Chrysemys picta*, in the northern peninsula of Michigan. – Proc. Biol. Wash., 90: 685–689.

– & R.W. Barbour (1972): Turtles of the United States. – Lexington (University of Kentucky Press), 347 S.

–, J.E. Lovich & R.W. Barbour (1994): Turtles of the United States and Canada. – Washington, London (Smithsonian Institution Press), 578 S.

Ewert, M.A. & C.E. Nelson (1991): Sex determination in turtles: Diverse patterns and some possible adaptive values. – Copeia, Lawrence: 50–69.

Feder, M.E. (1983): The relation of air breathing and locomotion to predation on tadpoles, *Rana berlandieri*, by turtles. – Physiol. Biochem. Zool., Chicago, 56: 522–531.

Feldman, C.R. & J.F. Parham (2002): Molecular Phylogenetics of Emydine Turtles: Taxonomic Revision and the Evolution of Shell Kinesis. – Mol. Phyl. Evol., 22(3): 388–398.

Feldman, M. (1983): Effects of rotation on the viability of turtle eggs. – Herpetol. Rev., St. Louis, 14: 76–77.

FINNERAN, L.C. (1948): Reptiles at Branford, Conneticut. – Herpetologica, Emporia, 4(4): 123–126.

FRAZER, N.B., J.W. GIBBONS & J.L. GREENE (1991): Growth, survivorship and longevity of painted turtles, *Chrysemys picta* in an southwestern Michigan marsh. – Amer. Midl. Natur., Notre Dame, 125: 245–258.

FRITZ, U. (1981): Zwei interessante mexikanische Schmuckschildkröten der Gattung Chrysemys GRAY, 1844. – herpetofauna, Weinstadt, 3(14): 25–32.

– (1991): Balzverhalten und Systematik in der Subtribus Nectemydina 2. Vergleich oberhalb des Artniveaus und Anmerkungen zur Evolution. – Salamandra, Bonn, 27(3): 129–142.

– & H.-D. BIENERT (1981): Übersicht über die neuweltliche Sumpfschildkrötengattung *Chrysemys* GRAY (*Pseudemys* GRAY = Synonym für *Chrysemys* GRAY). – herpetofauna, Weinstadt, 3(10): 17–22.

GAFFNEY, E.S. & P.A. MEYLAN (1988): A phylogeny of turtles: 157–219. – In: BENTON, M.J. (Hrsg.): The phylogeny and classification of the tetrapods, vol. 1, Amphibians, Reptiles, Birds. – System Assoc. Spec. Vol. 35A, Oxford (Clarendon Press).

GIBBONS, J.W. (1967): Variation in growth rates in three populations of the Painted Turtles, *Chrysemys picta*. – Herpetologica, Emporia, 23(4): 296–303.

– (1968): Population structure and survivorship in the painted turtle, *Chrysemys picta*. – Copeia, Lawrence: 260–268.

– & D.H. NELSON (1978): The evolutionary significance of delayed emergence from the nest by hatchling turtles. – Evolution, Lawrence, 32(2): 297–303.

– & J.E. LOVICH (1990): Sexual dimorphism in turtles with emphasis on the slider turtle (*Trachemys scripta*). – Herpetol. Monogr., Emporia, 4: 1–29.

GILHEN, J. (1984): Amphibians and Reptiles of Nova Scotia. – Halifax (Nova Scotia Museum).

GIST, D.H. & J.M. JONES (1989): Storage of sperm in the oviducts of turtles. – J. Morphol., 199: 379–384.

–, J.A. MICHAELSON & J.M. JONES (1990): Autumn mating in the painted turtle, *Chrysemys picta*. – Herpetologica, Emporia, 46(3): 331–336.

GOTTE, S.W. (1992): *Chrysemys picta picta* (eastern painted turtle). Predation. – Herpetol. Rev., St. Louis, 23: 80.

GRAHAM, R.W., J.A. HOLMAN & P.W. PARMALEE (1983): Taphonomy and paleoecology of the Christiansen Bog mastodon bone bed, Hancock County, Indiana. – Rept. Invest. Illinois St. Mus. Natur. Hist., 38: 1–29.

GREGORY P.T. & R.W. CAMPBELL (1984): The reptiles of British Columbia. – Royal British Columbia Museum Handbook, 102 S.

GUNTERMANN, J. (1999): Schildkrötenfang in Georgia. – J. AG Schildkröten, Bennstedt, 8(1): 26–28.

GUTZKE, W.H.N. & G.L. PAUKSTIS (1984): A low threshold temperature for sexual differentiation in the painted turtle, *Chrysemys picta*. – Copeia, Lawrence: 546–547.

HACKETHAL, U. (1993): Beobachtungen bei der Nachzucht der südlichen Zierschildkröte (Chrysemys picta dorsalis) im Zimmerterrarium. – J. AG Schildkröten & Panzerechsen, 2(3): 19–21.

– (1998a): Schildkrötenfutter – die Qual der Wahl? – J. AG Schildkröten, Bennstedt, 7(1): 21–22.

– (1998b): Zur Überwinterung aquatiler Schildkröten. – J. AG Schildkröten, Bennstedt, 7(3): 11–12.

HALL, R.J. (1980): Effects of environmental contaminants on reptiles: A review. – U.S. Fish Wildl. Serv., Special Sci. Rept.-Wildl., No. 228: 1–12.

HAMMERSON, G.A. (1982): Amphibians and Reptiles in Colorado. – Colo. Div. Wildl. Publ. Nr. DOW-M-I-27-82, 131 S.

HARLESS, M. & H. MORLOCK (1989): Turtles: Perspectives and Research. – Malabar (Krieger Publishing), 695 S.

HARTWEG, N. (1944): Spring Emergence of Painted Turtle Hatchlings. – Copeia, Lawrence, (1): 20–22.

– (1946): Confirmation of overwintering in painted turtle hatchlings. – Copeia, Lawrence: 255.

HENNIG, A.S. (1999): Eine empfehlenswerte Wasserschildkröte – auch für den Anfänger: Haltung und Zucht der Gewöhnlichen Moschusschildkröte Sternotherus odoratus. – REPTILIA, Münster, 4(5): 65–68.

– (2001): Der Arbeitskreis Schmuckschildkröten stellt sich vor. – Radiata, Haan, 10(2): 31–33.

– (2002a): Ihr Hobby Wasserschildkröten. – Ruhmannsfelden (bede-Verlag), 96 S.

– (2002b): Zur Unterartbestimmung von Zierschildkröten, *Chrysemys picta* (Schneider, 1783). – Radiata, Haan, 11(2): 19–21.

Hertwig, S. (2001): Ökologie, Haltung und Fortpflanzung im Terrarium von *Graptemys caglei*, *G. flavimaculata*, *G. nigrinoda nigrinoda* und *G. oculifera*. – Salamandra, Rheinbach, 37(1): 21–48.

Hnizdo, J. & N. Hagen (1996): Bemerkungen zur Herpetofauna der Südstaaten der U.S.A. – Sauria, Berlin, 18(4): 3–10.

Hoberg, T. & C. Gause (1992): Reptiles and Amphibians of North Dakota. – North Dakota Outdoors, 55(1): 7–19.

Holland, R.L., D. Chiszar, C. Ristau & H.M. Smith (1994): Geographic distribution: *Chrysemys picta belli*. – Herpetol. Rev., St. Louis, 25(4): 163.

Holman, J.A. (1977): Comments on turtles of the genus *Chrysemys* Gray. – Herpetologica, Emporia, 33: 274–276.

– (1986a): Butler Spring herpetofauna of Kansas (Pleistocene: Illinoian) and its climatic significance. – J. Herpetol., St. Louis, 20: 568–570.

– (1986b): Turtles from the late Wisconsian of west-central Ohio. – Amer. Midl. Natur., Notre Dame, 166: 213–214.

– (1987): Climatic significance of a late Illinoian herpetofauna from southwestern Kansas. – Contrib. Mus. Paleontol. Univ. Michigan, 27: 129–141.

– (1990): Vertebrates from the Harper Site and rapid climatic warming in mid-Holocene Michigan. – Michigan Acad., 22: 205–217.

– & F. Grady (1989): The fossil herpetofauna (Pleistocene: Irvingtonian) of Hamilton Cave, Pendleton County, West Virginia. – NSS Bull., 51: 34–41.

– & J.N. McDonald (1986): A late Quaternary herpetofauna from Saltville, Virginia. – Brimleyana, (12): 85–100.

–, G. Bell & J. Lamb (1990): A late Pleistocene herpetofauna from Bell Cave, Alabama. – Herpetol. J., Canterbury, 1: 521–529.

Houde, I., F.L. Bunnell & P. Jeakins (2001): Listed Vertebrate Species Occuring in the Arrow Timber Supply Area (TSA). – Pub. Nr. E-10, Centre for Applied Conserv. Biol., Univ. of B.C., Vancouver.

Hulse, A.C., C.J. McCoy & E.J. Censky (2001): Amphibians and Reptiles of Pennsylvania and the Northeast. – Ithaca, NY (Cornell University Press), 432 S.

Hummel, F., D. Mosimann, H. Artner & A. Eylander (2000): Bemerkungen zu den Zierschildkröten der Gattung Chrysemys Gray, 1844 nebst Beobachtungen bei Haltung und Nachzucht der vier Unterarten *C. p. picta*, *C. p. bellii*, *C. p. dorsalis* und *C. p. marginata*. – Emys, Sitzenberg-Reidling, 7(3): 4–28.

Iverson, J.B. (1992): A Revised Checklist with Distribution Maps of the Turtles of the World. – Richmond (Privately Printed), 363 S.

Kofron, C.P. & A.A. Schreiber (1987): Observations on aquatic turtles in a northeastern Missouri marsh. – Southwest. Natur., Stillwater, 32: 517–521.

Köhler, G. (1996): Krankheiten der Amphibien und Reptilien. – Stuttgart (Verlag Eugen Ulmer), 168 S.

– (1997): Inkubation von Reptilieneiern. Grundlagen, Anleitungen, Erfahrungen. – Offenbach (Herpeton Verlag), 205 S.

Koper, N. & R.J. Brooks (1998): Population-size estimators and unequal catchability in painted turtles. – Can. J. Zool., Ottawa, 76(3): 458–465.

Kramer, M. & U. Fritz (1989): Courtship of the turtle, *Pseudemys nelsoni*. – J. Herpetol., St. Louis, 23(1): 84–86.

Krefft, G. (1950): Das geschlechtliche Verhalten männlicher Schmuckschildkröten und seine Bedeutung für die Taxonomie. – Bl. Terrarienkde., Winnenden, 55: 309–313.

Kuchling, G. (1999): The Reproductive Biology of the Chelonia. – Heidelberg (Springer), 223 S.

Lagler, K.F. (1943): Food habits and economic relations of the turtles of Michigan with special reference to fish management. – Amer. Midl. Natur., Notre Dame, 29: 257–312.

Legler, J.M. (1954): Nesting habits of the western painted turtle, *Chrysemys picta bellii* (Gray). – Herpetologica, Emporia, 10(3): 137–144.

– (1990): The genus *Pseudemys* in Mesoamerica: Taxonomy, distribution and origins: 82–105. – In: Gibbons, J. W. (Hrsg.): Life history and ecology of the Slider turtle. – Washington (Smithsonian Inst. Press), 368 S.

Licht, P., G.L. Breitenbach & J.D. Congdon (1985): Seasonal cycles in testicular activity, gonadotropin, and thyroxine in the painted turtle, *Chrysemys picta*, under natural conditions. – Gen. Comp. Endocrinol., San Diego, 59: 130–139.

Lindeman, P.V. (1990): Closed and open model estimates of abundence and tests of model assumption for two populations of the turtle, *Chry-*

semys picta. – J. Herpetol., St. Louis, 24: 78–81.

– (1991): Survivorship of overwintering hatchling painted turtles, *Chrysemys picta*, in northern Idaho. – Can. Field-Natur., Ottawa, 105(2): 263–266.

– (1992): Nest-site fixity among painted turtles (*Chrysemys picta*) in northern Idaho. – Northwest. Natur., 73: 27–30.

– & A.F. SCOTT (2001): Over Three Decades of Persistence of a Small and Apparently Isolated Population of Painted Turtles (*Chrysemys picta*) in a Kentucky Reservoir. – Chel. Cons. Biol., Lunenburg, (1): 206–208.

MACCULLOCH, R.D. (1981): Variation in the shell of *Chrysemys picta belli* from southern Saskatchawan. – J. Herpetol., St. Louis, 15: 181–185.

– & D.M. SECOY (1983): Demography, growth, and food of western painted turtles, *Chrysemys picta bellii* (Gray), from southern Saskatchewan. – Can. J. Zool., Ottawa, 61: 1499–1509.

MAHMOUD, I.Y. (1968): Nesting behavior in the Western Painted Turtle, *Chrysemys picta bellii*. – Herpetologica, Emporia, 24(2): 158–162.

MÄHN, M. (2000): Inkubation von Schildkröteneiern. – REPTILIA, Münster, 5(4): 55–61.

MANN, H. (1935): Untersuchungen über die Verdauung und Ausnutzung einiger Nährtiere durch verschiedene Fische. – Zeitschr. f. Fischerei, 33: 131–274.

– (1975): Der beste Schutz für unsere Pfleglinge: Eiweißreiche Nahrung. – Aquarien Magazin, Stuttgart, 9(9): 380–381.

MARCHAND, L.J. (1942): A contribution to a knowledge of the natural history of certain freshwater turtles. – M. S. Thesis (University of Florida).

MCCAULEY, R.H. (1945): The reptiles of Maryland and the District of Columbia. – Hagerstown, Maryland (Privately printed), 194 S.

MCCOY, C.J. & J.F. JACOBS (1991): Phalangeal formulae in the turtle genera *Chrysemys*, *Pseudemys*, and *Trachemys* (Testudines: Emydidae). – J. Herpetol., St. Louis, 25: 211–212.

MCDOWELL, S.B. (1964): Partition of the genus *Clemmys* and related problems in the taxonomy of the aquatic Testudinidae. – Proc. Zool. Soc. London, 143: 239–279.

MEFFE, G.K. & C.R. CARROLL (1994): Principles of Conservation Biology. – Sinauer Associates, Inc., Sunderland, MA.

MEIER, E. (1997): Eiablageprobleme bei Schildkröten – ein meist hausgemachtes Problem. – REPTILIA, Münster, 2(4): 62–64.

– (1998): Wohin mit großen Schmuckschildkröten? – REPTILIA, Münster, 3(1): 24–27.

– (2000): Eine Methode zur Zucht aggressiver und streßempfindlicher Wasserschildkröten, exemplarisch dargestellt an der Moorschildkröte *Clemmys muhlenbergii* (SCHOEPFF, 1801) und der Dreistreifen-Scharnierschildkröte *Cuora trifasciata* (BELL, 1825): 53–68. – In: ARTNER, H. & E. MEIER (Hrsg.): Schildkröten Symposiumsband. – Münster (Natur und Tier - Verlag), 181 S.

MITCHELL, J.C. (1985a): Variation in the male reproductive cycle in a population of painted turtles, *Chrysemys picta*, from Virginia. – Herpetologica, Emporia, 41(1): 45–51.

– (1985b): Female Reproductive an Life History Attributes in a Virginia Population of Painted Turtles, *Chrysemys picta*. – J. Herpetol., St. Louis, 19(2): 218–226.

– (1988): Population ecology and life histories of the freshwater turtles *Chrysemys picta* and *Sternotherus odoratus* in an urban lake. – Herpetol. Monogr., 2: 40–61.

– (1994): The reptiles of Virginia. – Washington, London (Smithsonian Institution Press), 352 S.

– (2001): Personal Communication, Expert review for GAP Analysis Project. – Mitchell Ecological Research LLC.

MOLL, E.O. (1973): Latitudinal and intersubspecific variation in reproduction of the painted turtle, *Chrysemys picta*. – Herpetologica, Emporia, 29: 307–318.

MORAFKA, D.J. (1977): A Biogeographic Analysis of the Chihuahuan Desert Through Its Herpetofauna. – Biogeographica, 313 S.

MÜLLER, M.J. (1996): Handbuch ausgewählter Klimastationen der Erde. – Trier (Universität Trier, Forschungsstelle Bodenerosion Mertesdorf), 400 S.

NAGLE, R.D., O.M. KINNEY, J.D. CONGDON & C.W. BECK (2000): Winter survivorship of hatchling painted turtles (*Chrysemys picta*) in Michigan. – Can. J. Zool., Ottawa, 78(2): 226–233.

NEWMAN, H.H. (1906): The habits of certain tortoises. – J. Comp. Neurol. Psychol., 16: 126–152.

NICHOLS, J.T. (1933): Further notes of painted turtles. – Copeia, Lawrence: 41–42.

NIETZKE, G. (1989): Die Terrarientiere 1. – Stuttgart (Verlag Eugen Ulmer), 276 S.

– (1998): Die Terrarientiere 2. – Stuttgart (Verlag Eugen Ulmer), 366 S.

NORMAN, M.D. (1989): Preliminary survey of the freshwater turtles of the Blackwater River. – Catesbeiana, 9: 9–14.

NUSSBAUM, R.A., E.D. BRODIE JR. & R.M. STORM (1983): Amphibians and reptiles of the Pacific Northwest. – Moscow (University Press of Idaho), 332 S.

OBST, F.J. (1985): Schmuckschildkröten. – Magdeburg (Westarp Wissenschaften), 127 S.

PACKARD, G.C. & M.J. PACKARD (1993): Hatchling painted turtles (*Chrysemys picta*) survive exposure to subzero temperatures during hibernation by avoiding freezing. – J. Comparative Physiology B, Heidelberg, 163: 147–152.

– & M. J. PACKARD (2001): The overwintering strategy of hatchling painted turtles, or how to survive in the cold without freezing. – Bioscience, 51: 199–207.

–, J.W. LANG, L.D. LOHMILLER & M.J. PACKARD (1999): Resistence to freezing in hatchling painted turtles (*Chrysemys picta*). – Can. J. Zool., Ottawa, 77(5): 795–801.

–, M.J. PACKARD & L.L. MCDANIEL (2001): Seasonal change in the capacity for supercooling by neonatal painted turtles. – J. Exp. Biol., 204: 1667–1672.

–, M.J. PACKARD, P.L. MCDANIEL & L.L. MCDANIEL (1989): Tolerance of hatchling painted turtles to subzero temperatures. – Can. J. Zool., Ottawa, 67: 828–830.

PARSONS, T.S. (1968): Variation in the choanal structure of Recent turtles. – Can. J. Zool., Ottawa, 46: 1235–1263.

PAUKSTIS, G.L., R.D. SHUMAN & F.J. JANZEN (1989): Supercooling and freeze tolerance in hachling painted turtles (*Chrysemys picta*). – Can. J. Zool., Ottawa, 67: 1082–1084.

PEARSE, D.E., F.J. JANZEN & J.C. AVISE (2001): Multiple paternity, sperm storage, and reproductive success of female and male painted turtles (*Chrysemys picta*) in nature. – Behav. Ecol. Sociobiol., New York, 51(2): 164–171.

POUGH, F.H. & M.B. POUGH (1968): The systematic status of painted turtles (*Chrysemys*) in the northeastern United States. – Copeia, Lawrence: 612–618.

PUNZO, F., J. LAVEGLIA, D. LOHR & P.A. DAHM (1979): Organchlorine insecticide residues in amphibians and reptiles from Iowa and lizards from the Southwestern United States. – Bull. Environ. Contam. Toxicol., 21: 842–848.

RANEY, E.C. & E.A. LACHNER (1942): Summer food of *Chrysemys picta marginata* in Chautauqua Lake, New York. – Copeia: 83–85.

RAUH, J. (2000): Grundlagen der Reptilienhaltung. – Münster (Natur und Tier - Verlag), 215 S.

REAM, C. & R. REAM (1966): The influence of sampling methods on the estimation of population structure in painted turtles. – Amer. Midl. Natur., Notre Dame, 75: 325–338.

REDMOND, W.H., A.C. ECHTENACHT & A.F. SCOTT (1990): Annotated Checklist and Bibliography of Amphibians and Reptiles of Tennessee (1935 through 1989). Miscellaneous Publications of the Center for Field Biology. – Clarksville, TN (Austin Paey State University).

REESE, S.A., C.E. CROCKER, D.C. JACKSON & G.R. ULTSCH (2000): The physiology of hibernation among painted turtles: the midland painted turtle (*Chrysemys picta marginata*). – Respiration Physiol., New York, 124: 43–50.

RHODIN, A.G.J. & B.O. BUTLER (1997): The painted turtles (*Chrysemys picta*) of New England: taxonomy, morphometrics, and reproduction. – In: TYNING, T.: Status and conservation of turtles of the northeastern United States. – Lanesboro (Serpent´s Tale): 34–40.

– & G. H. MITTELHAUSER (1994): Maximum Size and Clutch Size Records for Eastern Painted Turtles, *Chrysemys picta picta*, from Mid-Coastal Maine. – Chel. Cons. Biol., Lunenburg, (2): 148–150.

ROGERS, K.L. (1982): Herpetofaunas of the Courtland Canal and Hall Ash local faunas (Pleistocene: early Kansas) of Jewell Co., Kansas. – J. Herpetol., St. Louis, 16: 174–177.

ROSS, D.A. (1988): *Chrysemys picta* (painted turtle). Predation. – Herpetol. Rev., St. Louis, 19: 85, 87.

– (1989): Population ecology of painted and Blanding´s turtles (*Chrysemys picta* and *Emydoidea blandingi*) in central Wisconsin. – Trans. Wisconsin Acad. Sci. Arts Lett., 77: 77–84.

ROWE, J.W. & W. PARSONS (2000): Diet of the Midland Painted Turtle (*Chrysemys picta marginata*) on Beaver Island, Michigan. – Herpetol.

Rev., St. Louis, 31(1): 16–17.

RUDLOFF, H.-W. (1990): Vermehrung von Terrarientieren. Schildkröten. – Leipzig, Jena, Berlin (Urania-Verlag), 155 S.

SCHILDE, M. (2001): Schlammschildkröten *Kinosternon*, *Sternotherus*, *Claudius* und *Staurotypus*. – Münster (Natur und Tier - Verlag), 136 S.

SCHUELER, F.W. (1983): Reticulate melanism in Canadian western painted turtles. – Blue Jay, 41: 83–91.

SCHULZ, D. (2000): Schildkrötenbeobachtungen in der Umgebung von Toronto / Canada. – Radiata, Haan, 9(2): 17–21.

SCHULZ, S. (2001): Erfahrungsbericht über die Haltung und Zucht der Höckerschildkröten der Gattung *Graptemys*, im Besonderen von *Graptemys pseudogeographica pseudogeographica*, *Graptemys ouachitensis ouachitensis*, *Graptemys nigrinoda nigrinoda* und *Graptemys barbouri*. – Radiata, Haan, 10(2): 3–14.

SCHWARZ, B. & W. SCHWARZ (2001): Bromelien, Orchideen und Farne im Tropenterrarium. – Münster (Natur und Tier - Verlag), 128 S.

SCHWARZKOPF, L. & R.J. BROOKS (1985): Sex determination in northern painted turtles: Effect of incubation at constant and fluctuating temperatures. – Can. J. Zool., Ottawa, 63: 2543–2547.

– (1987): Nest-Site Selection and Offspring Sex Ratio in Painted Turtles, *Chrysemys picta*. – Copeia, (1): 53–61.

SEIDEL, M.E. (1994): Morphometric analysis and taxonomy of cooter and red-bellied turtles in the North American genus *Pseudemys* (Emydidae). – Chel. Cons. Biol., Lunenburg, 1(2): 117–130.

– (2002): Taxonomic Observations on Extant Species and Subspecies of Slider Turtles, Genus *Trachemys*. – J. Herpetol., St. Louis, 36(2): 285–292.

– & H.M. SMITH (1986): *Chrysemys*, *Pseudemys*, *Trachemys* (Testudines: Emydidae): Did Agassiz have it right? – Herpetologica, Emporia, 42: 242–248.

– & M.D. ADKINS (1989): Variation in turtle myoglobins (subfamiliy Emydinae: Testudines) examined by isoelectric focusing. – Comp. Biochem. Physiol., 94B: 569–573.

SEXTON, O.J. (1957): Note concerning turtle hatchlings. – Copeia, Lawrence, (3): 229–230.

– (1959): Spatial and temporal movements of a population of the painted turtle, *Chrysemys picta marginata* (Agassiz). – Ecol. Monogr., 29: 113–140.

SMITH, H.M. (1956): Handbook of Amphibians and Reptiles of Kansas. – Lawrence (Univ. of Kansas. Mus. of Nat. History, Misc. Publ. Nr. 9), 356 S.

– & D. CHISZAR (1995): Geographic distribution: *Chrysemys picta belli*. – Herpetol. Rev., St. Louis, 26(3): 154.

– & R. B. SMITH (1979): Synopsis of the Herpetofauna of Mexico – Vol. VI: Guide to Mexican Turtles Bibliographic Addendum III. – North Bennington, Vt. (John Johnson), 1044 S.

–, D. C. KRITSKY & R. L. HOLLAND (1969): Reticulate melanism in the painted turtle. – J. Herpetol., St. Louis, 3: 173–176.

SNOW, J.E. (1980): Second clutch laying by painted turtles. – Copeia, Lawrence, (3): 534–536.

– (1982): Predation of painted turtles nests: Nest survival as a function of nest age. – Can. J. Zool., Ottawa, 60: 3290–3292.

SPERGER, R.H., R. HUMPHREY, D. CHISZAR & H.M. SMITH (1995): Geographic distribution: *Chrysemys picta belli*. – Herpetol. Rev., St. Louis, 26(1): 43.

ST. CLAIR, R.C. & P.T. GREGORY (1990): Factors affecting the northern range limit of painted turtles (*Chrysemys picta*): winter acidosis or freezing? – Copeia, Lawrence, (4): 1083–1089.

STEBBINS, R.C. (1985): A Field Guide to Western Reptiles and Amphibians. – New York (Houghton Mifflin Company), 339 S.

STEINMETZ, M., M. PÜTSCH & T. BISSCHOPINCK (1998): Untersuchungen zur Transportmortalität beim Import von Vögeln und Reptilien nach Deutschland. – Bonn (Bundesamt für Naturschutz), 128 S.

STOREY, K.B. (1990): Biochemistry of natural freeze tolerance in animals: molecular adaptions and applications to cryopreservation. – Biochem. Cell Biol., 68: 687–698.

–, J.M. STOREY, S.P.J. BROOKS, T.A. CHURCHILL & R.J. BROOKS (1988): Hatchling turtles survive freezing during winter hibernation. – Proc. Nat. Acad. Sci., 85: 8350–8354.

STUART, J.N. (1998): Reticulate melanism in Southwestern Population of *Chrysemys picta bellii* (Testudines: Emydidae). – Herpetol. Rev., St. Louis, 29(2): 80–82.

– (2001): Geographic distribution: *Chrysemys picta bellii*. – Herpetol. Rev., St. Louis, 32(2): 116–117.

SURFACE, H.A. (1908): First report on the economic features of the turtles of Pennsylvania. – Zool. Bull. Div. Zool. Pennsylvania Dept. Agric., 6: 105–196.

TAYLOR, G.M. & E. NOL (1989): Movements and hibernation sites of overwintering painted turtles ins southern Ontario. – Can. J. Zool., Ottawa, 67: 1877–1881.

TELECKY, T.M. (2001): United States Import and Export of Live Turtles and Tortoises. – Turtle Tort. Newsletter, (4): 8–13.

TELLER, S. & D. BARDAK (1975): New records of late Pleistocene vertebrates from the southern end of Lake Michigan. – Amer. Midl. Natur., Notre Dame, 94: 179–189.

THIEME, U. (1998): Warum immer Rotwangen? Haltung und Vermehrung von Zierschildkröten der Gattung *Chrysemys*. – REPTILIA, Münster, 3(1): 28–32.

TINER, R.W. JR. (1987): Mid-Atlantic wetlands: a disappearing natural treasure. – U. S. Fish and Wildlife Service, Newton Corner, MA.

TINKLE, D.W., J.D. CONGDON & P.C. ROSEN (1981): Nesting frequency and success: Implications for the demography of painted turtles. – Ecology, Washington, 62(6): 1426–1432.

TUCKER, J.K. (1978): Variation in reproductive potential and growth in *Chrysemys picta* within a single body of water. – Bull. Maryland Herpetol. Soc., 14: 223–232.

ULTSCH, G.R. (1989): Ecology and physiology of hibernation and overwintering among freshwater fishes, turtles, and snakes. – Biol. Rev., 64: 435–516.

– (1999): *Chrysemys picta marginata* (Midland Painted Turtle. Reticulate Melanism. – Herpetol. Rev., St. Louis, 30(4): 225.

– & D. C. JACKSON (1995): Acid-base status and ion balance during simulated hibernation in freshwater turtles from the northern portions of their ranges. – J. Exp. Zool., 273: 482–493.

–, CH.M. LEBERTE & D.F. MCALPINE (2000): *Chrysemys picta picta* (Eastern Painted Turtle). Maximum size. – Herpetol. Rev., St. Louis, 31(2): 103–104.

–, G.M. WARD, CH.M. LEBERTE, B.R. KUHAJDA & E.R. STEWART (2001): Intergradation and origins of subspecies of the turtle *Chrysemys picta*: morphological comparisons. – Can. J. Zool., Ottawa, 79: 485–498.

–, M.E. CARWILE, C.E. CROCKER & D.C. JACKSON (1999): The Physiology of Hibernation among Painted Turtles: The Eastern Painted Turtle *Chrysemys picta picta*. – Physiol. Biochem. Zool., Chicago, 72(4): 493–501.

VOGT, R.C. (1981): Natural history of amphibians and reptiles of Wisconsin. – Milwaukee Public Museum, Milwaukee, Wisconsin, 205 S.

– & C.J. MCCOY (1980): Status of the emydine turtle genera *Chrysemys* and *Pseudemys*. – Ann. Carnegie Mus. Nat. Hist., 49: 93–102.

WALZ, M. (1998): Haltung und Zucht der südlichen Zierschildkröte *Chrysemys picta dorsalis* Agassiz 1857. – Schildkröte, Rothenfluh, 1(4): 46–49.

WARD, J.P. (1984): Relationships of the Chrysemyd turtles of North America (Testudines: Emydidae). – Spec. Publ. Mus. Texas Techn. Univ., 21: 1–50.

WATERS, J.H. (1964): Subspecific intergradation in the Nantucket Island, Massachusetts, population of the turtle *Chrysemys picta*. – Copeia, Lawrence: 550–553.

WEAVER, W.G. JR., & F.L. ROSE (1967): Systematics, fossil history, and evolution of the genus *Chrysemys*. – Tulane Stud. Zool., 14: 63–73.

WERMUTH, H. & R. MERTENS (1961): Schildkröten – Krokodile – Brückenechsen. – Jena (Gustav Fischer Verlag), 422 S.

WERNING, H. (2001): Mindestanforderungen an die Haltung von Krokodilen. – REPTILIA, Münster, 6(6): 4.

WILBUR, H.M. (1975): The evolutionary and mathematical demography of the turtle *Chrysemys picta*. – Ecology, Washington, 56: 64–77.

WILLIAMS, K.L. (1957): Possible overwintering of a turtle egg in east-central Illinois. – Herpetologica, Emporia, 13: 248.

WILSON, L.A. (1995): Land manager´s guide to the amphibians and reptiles ot the South. – The Nature Conservancy, Southeastern Region, Chapel Hill, NC, 360 S.

WILSON, R.L. (1967): The Pleistocene vertebrates of Michigan. – Pap. Michigan Acad. Sci. Arts. Letts., 52: 197–234.

WOOLVERTON, E. (1961): Winter survival of hatchling painted turtles in northern Minnesota. – Copeia, Lawrence, (1): 109.

– (1963): Winter survival of hatchling painted turtles in northern Minnesota. – Copeia, Lawrence, (3): 569–570.

ZUG, G.R. (1966): The penial morphology and

the relationships of cryptodiran turtles. – Occ. Pap. Mus. Zool. Univ. Michigan, 647: 1–24.

ZWEIFEL, R.G. (1989): Long-term ecological studies on a population of painted turtles *Chrysemys picta*, on Long Island, New York. – Amer. Mus. Novitates, (2952): 1–55.

Internetquellen

ARIZONA HERITAGE DATA MANAGEMENT SYSTEM (2002): www.gf.state.az.us

COLORADO HERPETOLOGICAL SOCIETY (1998): www.coloherp.org

COSSEL, J. JR. (IDAHO MUSEUM OF NATURAL HISTORY, 1997): Digital Atlas of Idaho, imnh.isu.edu

DEPARTMENT OF GAME & INLAND FISHERIES (2002): www.vafwis.org/BOVA/BOOKS/030060.htm

FLORIDA MUSEUM OF NATURAL HISTORY (2000): www.flmnh.ufl.edu

GROSSER, C. (2002): Hirudinea – die Egelseite, www.hirudinea.de

HARDING, J. (2002): Field Guide to the Turtles of Michigan, critter-guy.museum.msu.edu/guide/g_turtle.html

MARSHALL UNIVERSITY (2002): Herpetology in West Virginia, www.marshall.edu/herp/

MILWAUKEE PUBLIC MUSEUM (1998): Wisconsin Herpetology Homepage, www.mpm.edu/collect/vertzo/herp/atlas/welcome.html

MISSISSIPPI STATE UNIVERSITY (1998): Mississippi Herpetological Atlas, www.cfr.msstate.edu/gap/herpatls.htm

MISSOURI DEPARTMENT OF CONSERVATION (2000): www.conservation.state.mo.us/nathis/herpetol/index.htm

NEW YORK STATE AMPHIBIAN AND REPTILE ATLAS PROJECT 1990–1999 (2000): www.dec.state.ny.us/website/dfwmr/wildlife/herp/index.html

ONTARIO HERPETOFAUNAL ATLAS (2000): www.mnr.gov.on.ca

QUEBEC BIODIVERSITY WEBSITE (1996): www.redpath-museum.mcgill.ca

PHILLIPS, C., F. HUTTO & C. MAYER (2001): Illinois Amphibian & Reptile Distribution: www.inhs.uiuc.edu/cbd/herpdist/herp.html

TEXAS MEMORIAL MUSEUM (2000): Herps of Texas, www.lifesci.utexas.edu/research/txherps

THE VERMONT REPTILE & AMPHIBIAN ATLAS (2001): www.middlebury.edu/herpatlas

UNIVERSITY OF ALBERTA, MUSEUM OF ZOOLOGY (2000): www.biology.ualberta.ca/old_site/uamz.hp/uamz.html

UNIVERSITY OF MICHIGAN, MUSEUM OF ZOOLOGY (2000): www.ummz.lsa.umich.edu/

UNIVERSITY OF PUGET SOUND (1998): Reptiles of Washington, www.ups.edu/biology/museum/WAreptiles.html

UTAH DIVISION OF WILDLIFE RESOURCES (2000): Utah Gap Analysis, www.utahcdc.usu.edu/ucdc/

VIRGINIA DEPARTMENT OF GAME AND INLAND FISHERIES (2002): fwie.fw.vt.edu/VHS/turtles_of_virginia.htm0

NTV

Schildkröten im Gartenteich

V. Müller, W. Schmidt

112 Seiten
88 Abbildungen
Format: 16,8 x 21,8 cm
ISBN 3-931587-56-8

16,80 €

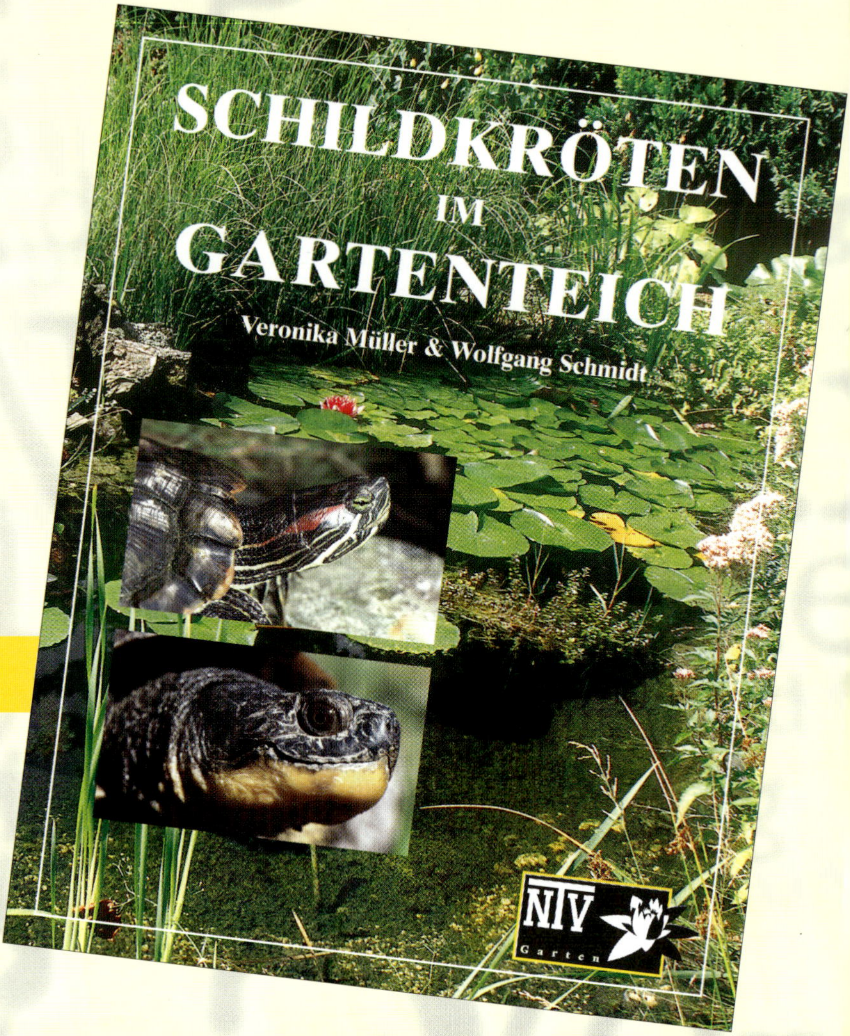

Wasserschildkröten sind beliebte Haustiere, doch benötigen Sie viel Platz und artspezifische Bedingungen. Viele Arten können über große Teile des Jahres oder sogar ganzjährig im Gartenteich gepflegt werden. Ohne Platznot können sie ihr ganzes Verhaltensspektrum wie in der Natur entfalten. Allerdings muss der Gartenteich entsprechend gestaltet sein, um eine schildkrötengerechte Haltung zu ermöglichen, und auch klimatische Probleme müssen sorgfältig überdacht werden.

Die zweite, völlig überarbeitete und neu gestaltete Auflage geht intensiv auf alle Probleme und Erfordernisse ein, die Sie bei der Haltung von Wasserschildkröten im Freien bedenken müssen.

Fordern Sie unseren kostenfreien Gesamtprospekt an!

NTV Meerwasseraquaristik · NTV Terraristik · NTV Wissenschaft · NTV Reise · NTV Kochen · NTV Garten

Natur und Tier - Verlag GmbH
An der Kleimannbrücke 39/41
48157 Münster
Telefon: 0251-13339-0
Telefax: 0251-13339-33
E-mail: verlag@ms-verlag.de
www.ms-verlag.de